建筑人类学

[美] 维克托·布克利（Victor Buchli）◎著

潘曦　李耕◎译

AN ANTHROPOLOGY
OF ARCHITECTURE

中国建筑工业出版社

著作权合同登记图字：01-2016-7172 号

图书在版编目（CIP）数据

建筑人类学/（美）维克托·布克利著；潘曦，李耕译.
—北京：中国建筑工业出版社，2018.6（2022.11重印）
ISBN 978-7-112-22076-2

Ⅰ.①建… Ⅱ.①维… ②潘… ③李… Ⅲ.①建筑学
-人类学 Ⅳ.①TU②Q98

中国版本图书馆 CIP 数据核字（2018）第 073104 号

An Anthropology of Architecture by Victor Buchli.

责任编辑：李成成 段 宁
责任校对：焦 乐

建筑人类学

［美］维克托·布克利 著

潘 曦 李 耕 译

*

中国建筑工业出版社出版、发行（北京海淀三里河路9号）

各地新华书店、建筑书店经销

北京鸿文瀚海文化传媒有限公司制版

北京建筑工业印刷厂印刷

*

开本：787×1092 毫米 1/16 印张：9½ 字数：232 千字
2018 年 5 月第一版 2022 年 11 月第三次印刷
定价：**45.00 元**
ISBN 978-7-112-22076-2
（31916）

版权所有 翻印必究
如有印装质量问题，可寄本社退换
（邮政编码 100037）

纪念我的父亲爱德华·布克利（Edward Buchli）

目　　录

引 言

1

如果像本书中诸多研究所显示的那样，是建筑造就了人，那么关于建筑的写作就是在致力于完善何为普遍意义上的人类这一问题，包括其环境和极富创造力的复杂特性。因此，本书并不是一个综合性的调查，一册书里是无法包含这么多意义深远的内容的。我遵从一些良师益友的建议，对人类学倾向的建筑形式研究进行了彻底的总结。下列材料是必不可少的思想源泉，包括保罗·奥利弗（Paul Oliver 1997）的权威性巨著；国际传统环境研究协会（International Association for the Study of Traditional Environments）出版的《传统住宅与聚落评论》（Traditional Dwellings and Settlements Review）杂志所刊出的诸多文章；苏珊妮·普雷斯顿·布利耶（Suzanne Preston Blier）在蒂利（Tilley）等地进行的极高水准的调查；塞色·洛和丹尼斯·劳伦斯-苏尼加斯（Setha Low and Denise Lawrence-Zúnigas 2003）对有关建筑形式研究的人类学及其他文献的评论；迈克·帕克·皮尔森和科林·理查兹（Mike Parker Pearson and Colin Richards 1994）以及罗斯·萨姆森（Ross Samson 1990）对考古学中建筑研究的评论；克莱尔·梅尔休伊什（Claire Melhuish 1996）对于建筑师与人类学家的跨学科探索；唐纳·伯德韦尔-费赞德和丹尼斯·劳伦斯-祖尼加斯（Donna Birdwell-Pheasant and Denise Lawrence-Zúniga 1999）编辑的关于欧洲的文集；特雷弗·马钱德（Trevor Marchand 2009）关于土坯砖建造的民族志调查。如果要对人类学相关的建筑研究这一范畴进行更广泛的讨论，那么就必须要去查阅所有这些研究。

因此，本书的目标是关注以多种物质方式呈现的建成形式，并参与到其物质性的具体问题中去（Thrift 2005）。强调物质呈现方式，是为了尝试对建构的、建筑的形式进行特定的解读，而不仅将其作为即时性、经验性的物质形式——木材、混凝土或土等一些建筑材料或者大规模工业化住宅、土坯砖等建造技术的集合。除此之外，建筑形式还可以从不同的方向来解读，诸如意象、隐喻、表现、遗迹、症候，或者符号，以及这些呈现方式特定的物质情境，即它们的物质性，如何促进了人类关系的形成。

简而言之，建成形式的物质性如何以极其丰富多样的形式造就了人与社会？通过其多样的物质呈现方式，建成形式的物质性可以发挥怎样的社会性作用？是作为一种抽象的概念，还是作为一栋有生命的建筑物？是作为一种隐喻？还是作为思想，作为符号，作为环境的适应，作为化石，作为表现，作为遗迹，作为再现，作为被毁的对象，作为意象，或是作为流动和转移？

为了参与到这些问题中，本书以这篇引言开始、以后记结束，并按如下形式组织。第1章"漫长的19世纪"考察了18世纪与19世纪的思潮与人类学实践中的趋势，它们影响了人类学对于建筑的分析。本章勾勒出了一系列思潮的发展，从洛吉耶神父（Laugier）的研究和他原始主义的幻想、皮特·里弗斯（Pitt Rivers）、古斯塔夫·森佩尔（Gustav Semper），以及路易斯·亨利·摩尔根（Lewis Henry Morgan），到 20 世纪中期战后乡土研究的兴起，尤其特别考察了在建筑与物质文化解读中十分盛行的"化石比喻"。可以认为，这些调查致力于论证 19 世纪的"人类心理一致性"的概念，后来又启发、形成了现代主义的理想以及设想社会改革（特别是马克思主义）的物质条件。20 世纪早期，随着社会人类学的社会结构研究兴起，物质文化与建筑研究日渐式微，该章节考察了理论研究与建筑形式和物质文化的脱离，之后又描述了其在战后时期新影响之下的重现与重构。这一时期呈现出了对过去那些方法的彻底更新。在这里，我们可以看到 19 世纪的语言学类比随着"语言学转向"和结构主义的兴起而重新回归，把建筑当作思维的一个方面来重新解读。如果要问这一新的焦点为什么会出现，就得联系到战后社会生活的变迁，以及建筑问题给人类学思想带来的新的意义。这一章明确了普遍主义和现代化中经久不衰的那些主题，它们直到今天仍然在架构着（同时也模糊了）相关的讨论。

第 2 章"建筑与考古学"把考古学作为人类学的传统分支领域进行讨论，着重关注物质文化的研究，尤其是建筑的研究。特别是在战后时期从新考古学中产生的民族考古学领域中，人、物质文化和建筑之间的交叉领域对于社会研究而言，呈现出方法论和理论上的重要意义。本章考察了这一传统及其对新考古学后过程主义的回应。它从对 19 世纪进化论理论的重新评价开始，考察了这些考古学中的潮流如何为解读长期以来的思想、认知和表达而引入了新的维度，这与民族志方法和"民族志快照"相比是颇为不同的。这样一种方法强调的是考古学的长时段视角，它让我们认识到，物质呈现方式可以随着时间的流逝，以迥然不同的方式发生变迁、发挥作用。尤其是随着新石器时代和持久性建成形式的兴起，考古学对相关变迁之解读的重要意义得到了人们的讨论。当定居和农业产生时，社会关系的变化和新的住宅的物质形式也随之而来。类似地，考古学参与到长时段和文化变迁的研究之中，也促成了对于崭新的现代建筑形式的想象，从而在更广泛的发展进程与现代化过程中推动了社会改革，并确定了"基本需求"的条件。此后，强调表现、强调建筑形式具有历时性重复之特质的后结构主义方法，又揭示了一种从化石比喻到羊皮纸比喻的转向，即把焦点转向去关注建筑形式能做些什么而不是它们代表了什么，去关注建筑随时间流逝而不断变化的物质呈现方式。

在第 3 章"社会人类学与列维-斯特劳斯的家屋社会"中，我们考察了战后时期，尤其是在列维-斯特劳斯（Lévi-Strauss）"家屋社会"概念的影响下，建筑的语境如何在人类社会的解读中再次承担了核心意义。本章尤其重点考量了对住宅的解读，以及与家屋社会相关的制度，就如卡斯腾和休-琼斯（Carsten and Hugh-Jones 1995：8）所说，家屋本质上是社会关系的虚幻"物化"，人们创造它来解决社会矛盾。在人类学内部，随着身体以及对建筑空间解读的身体性隐喻越来越重要，这种在住宅、人以及宇宙观之间的结构性类比以及它们之间的互动关系得到了充分探讨，例如卡斯腾和休-琼斯就观察到，把身体和建筑在意义上区分开来本质上是很困难的。这一章追随玛丽莲·斯特拉森（Marilyn Strathern 1999）研究中的见解，把家屋作为生产性物资的建构性管控者进行考察，观察了食物、体液等多种多样的物质资料。本章考量了这样一个问题：对于这些生产性物资的流动的管控，如何把以多样化的物质方式呈现的建筑及其随带的动态特性纳入其中，例如那些助长了非移动性、共生性、背景化和前景化、可移动性、去物质化的形式。

第4章"机构与社区"考察了不同的机构形式以及它们在人类学思想发展中所扮演的角色。本章回到了水晶宫和民族志博物馆，以及我们对于现代消费主义的解读上。杰里米·边沁（Jeremy Bentham）的圆形监狱和福柯（Foucault）的治理术概念是这些方法的核心，通过这些方法，监狱、学校、购物中心和工厂这些机构已经在人类学意义上被卷入其中。本章考察了这些方法如何去关注物质形式在体验时所带来的出乎意料的结果，考量了如何通过创造附着或者分离来形成社会生活，以及与控制管理等相关的新自由主义实践如何取代了经典的福柯式的学科解读。在这里，我们看到了一种转向，从以物质建构的形式进行管控转向以新的原则进行自我管理与控制，而这种转变往往是通过诸如人口的精确管控等新的非物质实践活动来实现的。巴西利亚规划带来的出乎意料的结果；通用化物质形式带来的影响，诸如在门禁社区遇到的情况以及病态建筑综合征等现象，都得到了考察，此外还包括最近的数字技术与建筑形式中传统的"砖和灰浆"的叠合所带来的影响，它为社会性创造出了全新的物质条件。

第5章"消费研究与家庭"讨论了消费研究因为和家庭相联系而在建成环境中的兴起。家庭是大多数消费者实践的基本语境，也是其对象。本章探索了不断变化的消费者实践和性别关系所扮演的角色，特别是女性主义的影响，以及关于家庭建筑物质性不断变化的解读。在这样的设定下，参照皮埃尔·布迪厄（Pierre Bourdieu）、玛丽·道格拉斯（Mary Douglas）以及马塞尔·莫斯（Marcel Mauss）的研究，围绕着日常生活的那些问题得到了强调。文中就家居空间的体验，以及物质性的附着、分离、流动如何产生、如何造就了社会关系以及对道德人格的解读这些方面，考察了卫生问题及其结构性特质。类似地，家居空间的特质也通过身体、通过抵押贷款等资本主义经济工具进行了解读，其核心特质则在于中性、色彩（例如白色），以及它们所促成的流动和价值。此外，本章还考察了通用性和可交换性的特征，考察了它们在新自由主义全球化语境中促进流动和居住的能力，以及在这些条件下所产生的道德人格的新形式。

第6章"涉身化与建筑形式"考察了身体和建筑形式之间内在的模糊关系，尤其是在更广泛范围里讨论了建筑形式显而易见的拟人观。本章首先在西方视野下考察了这一关系——笛卡尔的身心二元论塑造了对于身体与建筑形式的解读，而诸如相机暗箱这样的表达技术在那个时代涌现出来、使非身体性的参与形式得以实现。随后，讨论转移到了致力于克服这种区隔的现象学解释上，提到了诸多非西方社会的例子。在这些例子中，身体性与建成形式深深地彼此重叠交缠。鉴于这一点，文中又通过现象学的传统重新考察了西方语境，考量了海德格尔（Heidegger）所定义的栖居问题以及战后时期的女性主义方法；人们借此考察了建成形式与身体形式之间的密切联系。在一系列民族志语境中，这个问题都在建筑的构筑和维护中有所反映。此处，本书考察了皮埃尔·布迪厄和他的惯习观念，及其对于涉身化本质的见解。于此相反的离身化的形式也得到了讨论，这些与剥离仪式相关联，而剥离对于社会关系的生产，对于建筑形式作为物质性与生产性流动短暂而通行的外壳、去促成社会生活来说，都是十分必要的。

第7章"建筑形式的偶像破坏主义、破败与毁坏"是最后一章。前面的章节考察了建筑形式实际上是动态、鲜活的，而这章则考量了"杀死建筑形式"的后果。借由艾尔弗雷德·盖尔（Alfred Gell）的研究，本章把毁坏看作是一种"鼓舞人心"的实践，并探索了建筑形式的实际破坏所具有的更广泛的人类学含义。本章还考量了对建筑形式的破坏，从史前时期的实践一直到现代的"城市谋杀"❶。文中尤其重点考量了破败和毁坏对于建构社会生活新形式来说，在生产性和社会性方面的生成性力量。本章考察了柏林墙、破败的农场和工厂、各种形式的废墟的政治美学，以及在破坏性实践中造成的不在场所具有的生产性效果。这其中有一个迫切的问题，就是考察破坏力合理或不合理的形式，尤其是它与城市谋杀、与破坏性实践所带来的意料之外的后果相联系，能够产生新的政治与社会认同。

在后记中，本文认为三维打印等不断涌现出来的技术所带来的后果是和前文所讨论的主题相关的，例如建构形式在管控建构社会生活的物资流动中所扮演的角色，等等。相较于其他民族志的例子，这些新技术对建筑形式惯常的稳定性提出了挑战，尽管这些形式在前者中也是不稳定的。最后这部分根据列维-斯特劳斯"虚幻物化"这一概念，把这些建筑形式看作一种生产性的"崇拜物"（Carsten and Hugh-Jones 1995）。这些形式容纳了相互矛盾冲突的多重"信奉"（Rouse 2002），与之相关的则是人类学一直以来所关注的建筑形式所助长的客观物化，和以全新的物质方式所呈现的社会生活的建构，以及建筑塑造人的无数种方式。

从这个综述中可以看到，这里对建筑形式的讨论范围主要限制在人类学研究的范围内。人类学倾向于把家居放在重要的位置上，这在方法论上源于此项研究总是在亲密近人的民族志尺度上进行。然而，自战后时期开始，人类学家扩展了他们探索的范围，其中包括办公室、机场、购物中心等公共环境，但家庭仍然是主导性的研究基地，与之同步的是人类学把家庭领域解读为形成人与社会之关系的基本领域。类似地，物质性问题在人类学的探索中，直到相对晚近的时期才成为一个问题。于是，人类学在分析建成形式的物质性和更广泛的建构语境时便更倾向于关注非物质的、抽象的社会过程，而忽视了物质在这些过程的形成中所扮演的角色。由于这个原因，人类学文本从传统上来说一直限制在物质的描述和建筑形式的讨论，而极少有图像。但是，这也并非一直如此。在 19 世纪对于建成形式的讨论中，民族学家们就绘制和收集了极其丰富的图像，其源头则是因为在 19 世纪的理论建设中，对视觉化表达的依赖是其核心内容。就像我们将会在接下来的章节和后记中看到的那样，随着 20 世纪晚期和 21 世纪早期新技术的兴起，对图像和建成形式进行有意义的区分变得越来越难。

2

就建成形式物质性的问题，本书引述了提姆·英戈尔德（Tim Ingold 2007）的问题及其关于建筑形式之物质性的近期研究。有时候，他对事物真实的物质特性轻描淡写，而更喜欢关注建筑形式话语的、符号的或者精神的方面。英戈尔德认为，物质特性具有内在的相关性特质，不可以简化到某种建筑材料或精神建构这样经验性的物质特性上去，而是存在于他所描述的行为、物质和环境的相关性语境中，这在某些方面不禁令人回想起科学哲学家卡伦·巴拉德（Karen Barad 2007）"内在互动"的概念。

---

❶ 即 urbicide，最早在 1963 年出现于英国作家 Michael Moorcock 的小说 *Dead God's Homecoming* 中。——译者注

对于建成形式的这项讨论和之后对其物质性的解读来说，有 3 位思想家是非常重要的：艾尔弗雷德·盖尔（Alfred Gells 1998），他将毛利人会议厅作为弥散的客体与弥散的心智进行研究；克劳德·列维-斯特劳斯（Claude Lévi-Strauss 1987），他进行了家屋社会的研究，把家屋看作一种"虚幻的物化"（Carsten and Hugh-Jones 1995）；以及皮埃尔·布尔迪厄（Pierre Bourdieus 1977，1990），他进行了卡拜尔人房屋的研究，提出了"惯习"（habitus）的概念。这些思想家关注了呈现方式的多样性问题，以及房屋形式就这些多样化的呈现方式而言矛盾冲突的内在本质，家屋的核心就在于调节相互矛盾的社会需求，并对这些维系社会生活与生命存续的矛盾需求具有生产性的价值。此处，呈现方式必须以多种方式进行解读。建成形式的物质呈现方式可以被理解为文本、符号系统、涉身化的体验；可以从视觉上、触觉上、听觉上解读；可以从其不同配置的物质形式、被居住的建筑、建造传统、文本、视觉意象、声景、模式进行解读。在这些作者的研究中，核心主题是流动、呈现方式以及不同方式之间的转换，它们在讨论中出现得十分普遍。在这样的人类学传统里，经验化的住宅与建筑物/建筑工艺作为分析类型，不论从人类学观察者还是居住者的视角来看，从主位和客位上都可以被看作是这些流动中一个短暂的停留，而不是自明的、持久的、稳定的物质实体（参考 Gell 1998）。就像玛丽莲·斯特拉森（Marilyn Strathern 1999）在她的美拉尼西亚研究中所论证的那样，这些停留促成了社会生活。而且更重要的是，正如斯特拉森在另一个语境中指出的那样（Strathern 1990），这一停留，即社会生活之建构情境的短暂快照，是欧美意识关注下所形成的基本分析类型。这些关注尽管是欧美社会特有的，但是由于其影响力和普遍性，尤其是当它被用作一种治理形式的时候，不论既有的地方性、本土性情境有什么其他的需求，它都会想要介入到前述那些形式之中。

对于这些流动的管控可以通过列维-斯特劳斯（Lévi-Strauss 1987）的见解进行解读，即把家屋社会作为一个更加专门的概念。此处，家屋的制度包含了亲属关系、等级阶层和房屋本身的物质实体，它像卡斯腾和休-琼斯（Carsten and Hugh-Jones 1995）所描述的那样作为"虚幻物化"而呈现，物化了相互冲突的利益，从对立的信奉之中形成了一个共同的对象（例如，建筑物和它所体现的关系）。卡斯腾和休-琼斯（Carsten and Hugh-Jones 1995：8）提到了列维-斯特劳斯如何尝试去引入马克思观念中拜物的概念来描述这些矛盾冲突的利益。威廉姆·皮茨（William Pietz 1985）在他对崇拜物的讨论中提到，这类崇拜物是一种独特的类型。在西非沿海地区，它是不可通约的价值观之间文化冲突的急切产物，源于对物质性与非物质性的解读。这种冲突关乎的是建构了社会生活的适宜性物质（与社会）附属，其缘由则是"遭遇了彻底异质化的社会体系"（Pietz 1985：7）。皮茨对于崇拜物的研究把它看作是对关系的误识，不过是一种生产性的误识，它有助于互补性的、有时候是矛盾冲突的物质性与社会需求和谐共存。就像诸多经典的人类学住宅解读的案例所证实的那样，与建成形式有关的性别角色存在着内在的、对立的互补性；这些冲突有助于形成更广泛意义上的社会生活及其等级阶层和不对称性。这些是布尔迪厄所描述的性别冲突与互补上的"逆转"；同时也是更加多样化、更加不稳定的"不可通约性"（参考 Povinelli 2001），它是现代性体验的特征［或者说是齐泽克（Zizek 2006）所说的"视差"］。各种物质呈现方式不断变化、转换、对立、互补的特质恰恰就是社会生活生产能力以多样化的方式被信奉、维系、克服和重述的生动条件。

可以看到，关于房屋的拜物这个问题以及这种误识的生产性本质，在盖尔（Gells 1998）的权威性著作《艺术与能动性》（Art and Agency）中关于毛利人会议厅（见图 1）的讨论里发挥了作用（此处我要感谢希克斯与霍宁（Hicks and Horning 2006）对盖尔的毛利人会议厅研究的讨论）。盖尔关于艺术人类学的讨论，在毛利人会议厅的讨论中达到了顶峰，也走到了尾声。房屋作为一处建筑实体，对传统的乡土研究方法有所裨益；但如果将其看作一种历经时空的涉身化体现、即盖尔所说的"弥散式客体"，置于另一种"艺术作品"和弥散思想的物质呈现方式中考量，它就会失去中心、甚至失去纪念性的物质性，随之消散（Gell 1998）。实际上，盖尔（Gell 1998：255）提出的是罗杰·奈希（Roger Neich 1996）描绘的意象，他认为从毛利人的视角来看，这种意象才是对会议厅更加真实地呈现。在毛利人看来，会议厅仅仅是诸多停留中的一个［参考杜尚（Duchamp）］，它之前有很多，之后也会有很多，这是开放式竞争的结果，随时间流逝，它会促使更加精致

图 1 一座毛利会议厅的内部。来源：Daniel Bellhouse，Dreamstime.com。

的房屋产生。然而需要重点指出的是，毛利人的会议厅作为历时性的弥散式"客体"和"思想"，其本身是殖民遭遇的产物，因为相互竞争的群体发现，身处其中的他们只能在这些房屋的建造上竞争和炫耀了（Gell 1998：251）。因此，在列维-斯特劳斯的意识中，毛利人的会议厅是这些相互冲突的张力的一种"虚幻物化"（Carsten and Hugh-Jones 1995），类似地，皮茨会把它看作一种本质上相互冲突的崇拜物，是价值与物质意义的误识，是殖民遭遇的结果。但是，就像列维-斯特劳斯所观察到的那样，这些"虚幻物化"（Carsten and Hugh-Jones 1995）形成了对于某些社会模式的信奉，它们成为在相互冲突的实体之间建立关系的途径，于是在建成形式和体现形式上都变得可见，并且可识别。建筑形式作为一种离散的经验客体，从列维-斯特劳斯和盖尔的观点来说实际上是有问题的。

本书的核心前提是去考察人类学传统中对于建筑形式的物质性及其多样化呈现方式的解读。借由社会科学内部向物质研究的广泛回归（参见 Brown 2001），一种对事物物质性的强调又重新形成。更广泛地说，这已经成为社会科学内部对于物质性的审视的一部分（参见 Coole and Frost 2010）。在人类学中，尤其是物质文化的研究中，"物质性"这个词所指涉的物质本质的问题已经占据了核心地位。

就这一关于物质性的新兴讨论而言，关于物质现象的"真实"处于何种地位这一问题存在着相当多的争议（Barad 2007；Hacking 1983；Latour 1999；Rouse 2002）。近期关于物质性的研究就质疑了物质所扮演的角色：它并不是我们社会投影被动的容纳者，而是共同建构了我们所生活的世界（Barad 2007；Butler 1993；Foucault 1977；Hacking 1983；Latour 1999，Miller 2005）。物质文化研究中对于社会层面特别重视（Miller 2005），这意味着物质性参与共同建构的方面一直以来都被忽视了。"真实"经常作为"物性"被提到，它具有某种神秘而模糊的特质，被洛克（Locke）等早期的思想家不厌其烦地观察、探究。

近来，有一点经常被提到，当我们不再把物质文化的某些东西看作符号、文本或者感官媒介，那么留下的就是一种不可调和的物性，一种"不可超越的物质性"（参考 Pietz 1985）——这种物性是"拟人化的"（参考 Pinney 2005），它包含着一种对不同属性既有限定但又开放的"捆绑"（参考 Keane 2005），或者说桑西-罗加（Sansi-Roca 2005）所定义的事物不可调和的物质能动性，他在关于坎多贝尔的研究中谈及非洲巴西裔坎多贝尔人在仪式性实践中用石头来代表圣洁的灵魂时，定义了这个概念。桑西-罗加讨论中的这块特别的石头，最初被看作是巫术等神秘性实践的原理性证明，一度被作为一件与坎多贝尔文化相关的工艺品，在城市历史与文化博物馆中展陈。但是这样一来，这块石头就无法在坎多贝尔的仪式中为大众所见了，也不可能恢复与最初的语境之间的联系，因为这个语境如今已经破碎、缺失，于是石头就被藏在了仓库里。它再也不是一件艺术品、工艺品或是一块"神圣的"石头，它被遗忘在了冷宫里。考虑到物质性的本质，物性这种不可替代的特性可以通过怀特黑德（Whitehead 1978）的"顽固事实"一词来理解。桑西-罗加的石头应当很容易被重组，但实际上却并非如此，因为它在历史上的出现具有特定性，这样的情况需要以一种模糊但却又绝非武断的方式介入其中。这是巴拉德（Barad 2007）和劳斯（Rouse 2002）试图描绘的那种现实主义的一个例子，诸如本土性艺术形式（Myers 2004）或者坎多贝尔的石头这样的事物，它们尽管看起来并不稳定、充满孔隙，也不在任何一个领域里（参见 Strathern 1990），但是它们具有某种不可调和的特性或者说固执性，就像是自然科学事实的固执性那样，展现出一种不可削减的物质性，而且不管社会建构论者会说些什么，都不会消散。就像莱斯利·麦克法迪恩（Lesley McFadyen）关于考古学记录（个人交流）所主张的那样，即使某一事物可能无法理解，但它仍然颠扑不破，并且"必然"被卷入到限制性的条件中去，并非仅仅是故事中的事。

马克思的遗产之一便是关注体验性实践与物质主义，不过由于它以多种方式介入到后结构主义中，又执迷于符号和意义，马克思主义的路径已经多多少少被弱化了。这项遗产需要对现实主义的意识，以及近来讨论所关注的物质性试图何为这一经验性问题进行重新介入、并再次委以信奉。这并不是向某种本质主义的回归，而是在解释这些对于经验性问题的信奉。用休谟（Hume）的话说，这是对我们受惠过的规则的解释，那形成了卡伦·巴拉德（Karen Barad）所谓的"交互性（intra-actively）"的基础，它形成了我们所生活的世界（参见 Barad 2007；Rouse 2002）。这些见解回应了怀特黑德的想法，他与洛克都主张，任何对于"物质资料"的论断都具有形而上的本质，它最终是武断的，但是对于凝聚起我们对于这个世界的理念来说必不可少（Whitehead 2000：22—23）。根据怀特黑德的论述，将物质资料和物质性放在更广泛的科学哲学中进行解读所得到的被我们普遍接受的观念，是他所谓错位的"爱奥尼亚人试图在空间和时间中寻找构成自然界的物质材料"的结果（Whitehead 2000：19）。引用亚里士多德的话说，这种对发现的追寻是"最终的根基，它不再由任何其他东西来论断"（Whitehead 2000：18）。他宣称："它是希腊哲学对于科学之影响的历史。这种影响已经导致了一种对于自然实体的形而上状态的误解"（Whitehead 2000：16）。这永远是一种困惑的努力："于是，每个物质实体看起来都不是一个真正的实体。这便是实体必不可少的多样性"（Whitehead 2000：22）。因此，物质性发挥作用的呈现方式具有内在的多样性。在本书的全部章节中，我希望能引导人们关注一个给定的经验性实体，例如建筑形式，它可能以哪些矛盾冲突的模式发挥作用，尤其是在"生产性物资"及其"流动"的控制上，就像玛丽莲·斯特拉森（Marilyn Strathern）所申发的那样，本书的很多讨论都要感谢她的观点，以及加布里埃尔·阿克罗伊德（Gabrielle Ackroyd）、安娜·霍尔（Anna Hoare）和菲奥娜·帕罗特（Fiona Parrott）的研究，他们以不同的方式考察了与房屋相关的流动与物资等类似问题。

在这个方面，可以简单地认为物质文化研究领域需要不断地为自身辩护［参考罗蒂（Rorty）］，它在 19 世纪伴随着其相应的存在方式以及对物质性条件的关注而产生，就像它在当下情境中产生时一样。然而，去考虑这个领域为什么在 19 世纪会那样出现是非常重要的。那时候它的生产能力是什么，人们又该如何历史性地去考量这些能力，如何就维韦罗斯·德·卡斯特罗（Viveiros de Castro 1998）所倡导的替代性本体论、以民族志方式进行不同的配置；要始终注意，在这些生产能力中哪些东西危如累卵，它们代价为何，以及这些能力如何起到促成或阻碍作用（就如我们在此处呈现的诸多案例中可以看到的那样）。

巴拉德等科学哲学家的语言以及她对于"能动性实在论"和"内在互动"的强调，还有怀特黑德对于"事件"的强调，为打破这些非生产性的区隔和优柔寡断的转向提供了非常有用的补救方法。这些学者提出的一般性语言之所以有用，一部分原因是科学哲学自身内部在概念上的僵局，因而需要强有力的方法来彻底思考这些僵局，这就转而助长了人类学的物质文化研究。有人或许会辩驳，人类学并不需要如此奋力挣扎于这些僵局，因此也就不需要创造这些强有力的工具。那么，为什么人类学家们仍然需要这些呢？简单地说，由于人类学家尚未发展出这样的概念性工具，他们发现自己在一些同样的困境中陷入了泥泞。根据怀特黑德的论述，人类学的物质文化研究以一种类似的方式，在历史上相当讽刺地忽视了物质世界与物质本身的物理情境，而把这些留给了自然科学，结果它就一直陷入在对某些"物质资料"的"爱奥尼式"误解的奴役之中（Whitehead 2000）。人类学凭借着其对介入此类问题的民族志方法的关注，处在了一个更好的位置上。简单地说，科学哲学家和思想哲学家，例如罗蒂和塔尔贝格（Thalberg），基本上已经把这些问题扔回给了人类学，后者的分析尺度和范围正适合介入其中，就像罗蒂说的那样（Rorty 1970：422—424），聚焦于"街上之人"的本体论。从扎森（Sassen）的"重叠"到巴拉德的"内在互动"以及罗蒂的"品味问题"，所有这些追索都是在呼吁人类学介入到这些问题中来，其尺度正是这个学科最为了解的：微观的、亲密的、具体化的。物质文化的问题需要通过特定的物质呈现方式来思考，作为一种特殊而有效的呈现方式重新参与到话语之中。这在如今尤为重要，因为事物事实上不再是文本式的，而是具有双重性的：正如巴拉德所描述的（Barad 2007：351—361）扫描隧道显微镜的原子和 IBM 的品牌名称，或是以三维打印形式出现的工艺品，它们既是实物也是代码，被重新配置成了一种新的集合体，其功能可见性❶以及促成和阻碍事物的特性还尚未得到充分的解读（参见 Buchli 2010a 和 Carpo 2001）。

科学哲学家约瑟夫·劳斯（Joseph Rouse）提出了一种对科学现象的解读，可以联系到我们物质文化研究的对象："科学实践揭示了自然现象而不是对象，就这一方面来说，科学实践本身就和自然现象一样，是可解读的"（Rouse 2002：309）。他建议我们换一种方式思考，把对象当作"通过实践建构的可重复现象的元件"（Rouse 2002：313）。我们如何思考物质文化，尤其是我们在物质呈现方式之间制造的区隔，也是这些现象的一部分。劳斯引述道，物性的问题具有不可预测的模糊性与物质性，"对我们非常重要"，因为"我们之所以对自己的选择负责，并不是因为我们建构了它们，而是因为我们就参与其中，不论在认识上还是政治上都利害攸关"（Rouse 2002：347）。出于这个原因，劳斯主张应当有我们所受惠的明确界限［或者一个"基本的外围"，参考 Butler（1993）］——即他所指的规范——而且，这些规范不是武断的；我们是在与其的"内在互动"中建构起来的（Rouse 2002：355）。坎多贝尔的石头之物性具有棘手的物质性，这是它"至关紧要"这一事实的表征（参考 Rouse 2002）——而为何会如此恰恰就是其具有争议性的、模糊不清的状态之核心。这是无法和解的。它的物性和模糊不清的物质呈现方式在某种意义上被认为是十分神秘、不可调和的。这不是什么形而上的保障，而仅仅是承认，通过我们在这个世界里复杂而历史性的"内在互动"，当那个历史时间点到来时，当坎多贝尔的石头像在桑西-罗加的讨论中那样出现时（Sansi-Roca 2005），物性和物质性那些复杂冲突的情景就至关紧要，因为我们就是在物性中以许多不同的方式"通过实践被建构出来的"（Rouse 2002：313）——而且在坎多贝尔石头这个特例中，是以许多不可通约的方式被建构出来（也可参见 Povinelli 2001；Strathern 1990）。物性是留存的东西，剩余的东西，过量的东

---

❶　即 affordance，心理学家詹姆斯·杰罗姆·吉布森（James Jerome Gibson）于 1977 年提出的概念，指环境为个体（人或动物）提供的所有行动的可能性；1988 年，唐纳德（Donald Norman）将其引入到人机交互领域，指代被行动者所感知到的行动的可能性。——译者注

西，无法同化的东西，它那复杂冲突的物质性具有诸多呈现方式，无法被分解为某一种——简而言之，它是一种崇拜物（参考 Pietz），证实了其内在本质上相互矛盾竞争的物质性。然而，当我们考虑到洛克和怀特黑德时，物性从物质资料上讲仅仅意味着我们有一种规范的信奉（参考 Rouse 2002）：物性——与本书有关，与建筑形式有关——及其发挥作用的多样化的呈现方式，对于通过实践建构我们自身的方式来说非常必要。物性及其显而易见、无所不在的特性，仅仅是我们在实践上信奉这些物化而产生的后果。不过，这种过量仅仅是在这些实践条件下被建构起来的历史效果而已。这样的"过量"是在呼吁我们对自身负责，对社区和在社区中被建构起来的个体负责（Rouse 2002：347）——它们并不能提供任何保障。

对于诸如建筑形式等某种给定的物质现象，在考量其借以形成的多样而冲突的呈现方式时，皮茨（Pietz）关于崇拜物的讨论就吸引了人们，对这些冲突的生产能力给予特别的关注（当然，这呼应了马克思自己对于这些崇拜物的生产能力的论证，它们维系了工业化资本主义中涌现出来的关系）。皮茨提到，这样的崇拜物是一种特殊的类型——它是不可通约的价值之间的文化与经济冲突所形成的急切产物。以上就是被这些冲突所置换的对象，它们与桑西-罗加的坎多贝尔的石头非常相像——被置于阈限性的仓库之中、远离视线，虽然不可否认地充满意义，但对于任何现存的语境来说都无法同化；其结果就是，它变得极其不幸、难以启齿（Sansi-Roca 2005）。但是，就像大多数物质文化工艺品那样，尤其是复杂度更高的建筑，它们在本质上是由多个因素所决定的，不可以从一种呈现方式化约到另一种，除非是作为某种给定的历史性和偶然性的生产性策略的一部分。

皮茨观念中的崇拜物，用多种方式描述了物质文化现象中那些相互冲突和多因素决定的事物。就像卡斯腾和休-琼斯（Carsten and Hugh-Jones 1995）关于家屋所提到的那样，列维-斯特劳斯研究中的建筑形式从拜物意义上模糊了各方、各群体聚集和交付在"家屋"上的不同利益，恰如其矛盾冲突的本质让自身变得具有生产性并且十分持久。就像阿尔都塞（Althusser 2006a）关于意识形态和存在的真实情境所提到的那样，它们的关系是假想的、被误识的，但是这种误识是生产性的，它促成了主体的存在："所有意识形态通过其必要的假想变形所体现的，并非现存的生产关系（以及由此衍生的其他关系），而首先是个体与生产关系的（假想）关系以及由此衍生的其他关系"（Ahhusser 2006a：111）。因此，"所有的意识形态都将具体的个体作为具体的主体，通过该类主体的运行，对其致以欢呼或质询"（Althusser 2006a：117）。一切事物都有一个意识形态的存在："一种意识形态总是存在于一个机构中，存在于其实践之中。这种存在是物质的"（Althusser 2006a：112），并且"'事物会从多个方面进行讨论'或者说它以多种不同的方式存在"（Althusser 2006a：113）。

阿尔都塞（Althusser，2006b）讨论了构成"简短相遇"❶ 的滑移或者说"转向"，这样的相遇出现在世界里，造就了历史和社会生活的对象。这十分明确地让人联想到劳斯，他讨论了沿着回指性链条发生的滑移。劳斯（Rouse 2002：202）描述了这些链条，认为它们的作用可以和代词相比，它们使我们得以保持对此前那些主张的信奉，而不用重述其

---

❶　阿尔都塞在晚期提出了"相遇的唯物主义"（materialism of the encounter）这一哲学谱系，他认为从这一哲学看来，世界的生成方式是偶然相遇。——译者注

内容：

诸如代词这样的回指性表达形成了一种话语表现，它可以承继另一种话语表现的推论性承诺和资格权利，而无须阐明其特定内容。这样的表达对于话语承诺的记录来说是非常关键的，因为人们可以用它们来谈论其他人谈论的任何东西，而不必去理解或认可她曾经使用的那些观念。回指是语言学的表达，可以在共享意义缺失的情况下促成交流沟通的进行。

因此，从一个"名字"或许可以回溯到对祖先林地之生产性潜力的信奉，就像我们在麦金农（McKinnons 2000）对塔尼姆巴尔人住宅的解读中可以看到的那样；不需要反复重申这些土地，名字就为其赋予了生产能力，名字就可以代表和维系这些林地，而无须在事实上成为它们。劳斯（Rouse 1994）在布兰多姆（Brandom）研究中就提出了一个棍子的物质性案例。

人们可以像抓住一根棍子一样抓住一条回指性链条；只有通过其中一端才能直接与之联系，在直接联系之外可能还有很多相关的东西，这些人们是意识不到的。但是，如果与一端的间接联系同时也被附着到另一端上，也同样可以形成真实的直接联系……一种触觉上的弗雷格语义学理论……就像一枚硬币的两面那样，把对于我们自身理念的忽视与错误的可能性，和对于这些理念的真实相关性的可能性，以及对［现象］的真实知识结合在了一起。（Brandom 1994：583，引用于 Rouse 2002：296）

用更传统的物质文化用语来说，我们可以把这根棍子看作是皮特·里弗斯"关于文化进化"著名的武器图示中最初的那根棍子（Pitt Rivers 1875a）（图6）。尽管我们可能在当下抓住这样一件相关的工艺品，譬如说皮特·里弗斯收藏中一根真实的用作武器的棍子，它是构成整个框架恒定的一部分；但人们在现象学上抓住这根棍子时，尽管与之直接相遇，却仍然违背了对最初之架构的承诺，因为另一端已经被移动了数次。实际上简单来讲，我们对物质文化的掌握在还未共同信仰进化论时就出现了，只是我们仍然对构成了进化论一端的那些对象存在着普遍的信奉。因此，多种呈现方式都在起作用——有些是前景，有些是背景，但是它们以一种错综复杂、绝非武断的关系共存着，从一种呈现方式滑移到另一种（从柏拉图式的形式到现象学的相遇），并在一种相互冲突、不断扩张的时空概念下，在一种十分特定的历史轨迹中形成（参考 Munn 1977）。这些呈现方式的生产能力（参考 Strathern）在这些不同的回指性链条之间滑移，但这些能力彼此之间仍然是不可或缺的。

3

多样化的物质呈现方式这个问题可以卓有成效地追溯到阿尔都塞（Althusser 2006a）关于不同物质呈现方式的讨论，以及将它们理论化的呼吁。重新阐释帕斯卡尔对意识形态的构想——"跪下来，动动你的嘴唇祈祷，你就会信奉"（Althusser 2006a：114）——阿尔都塞使用了一种更为明确的马克思主义的词汇。关于这个单独的主题。

因为他的观念就是他的物质的行为，这些行为嵌入物质的实践，这些实践受到物质的仪式的支配，而这些仪式本身又是由物质的意识形态机器来规定的——这个主体的观念就是从这些机器里产生出来的。当然，在我的命题里用了四次的"物质的"这个形容词会表现出不同的形态：对于做弥撒、跪拜、划十字，或是认罪、判决、祈祷、痛悔、赎罪、凝视、握手、外在的言说或"内在的"言说（意识）来说，逐次转移的物质性并不是同一个物质性。我要把不同物质性形态的差异这个理论难题搁下不谈了（Althusser，2006a：114，斜体字）。❶

"理论的问题"已经激发了更多新近的人类学研究，去调查不同的"物质性形式"或物质呈现方式之间的区别。

南希·芒恩（Nancy Munn 1977，1986）在关于加瓦（Gawa）的基础性研究中，讨论了从森林中的树木到独木舟的转换，以及随后产生的、不断变化的、她称之为"空间时间"（Munn 1986：9）的呈现方式，明确地涉及了这些转变中的物质呈现方式。在这里，和强度与范围（"空间时间"）相关的特定呈现方式的生产能力重现了阿尔都塞提到的"物质性形式"。芒恩描述了原材料的转换，例如把木材加工成独木舟，以及把这些独木舟转换成可以扩大社会关系的旅行方式，而这些关系会产生其他东西，例如被高度重视的库拉-贝壳（*Kula*-Shell）的价值；这种转换作为一个更广泛过程的一部分，把岛内封闭的"空间时间"转变为更广泛的、开放的岛间的"空间时间"。这是一个包括了或普通或重要的物资的转换过程［参见 Carsten（2004）关于人类学中物质资料和亲属关系的讨论］，在这个过程中，神话中的母系祖先的生殖器血液产生了红色的木头，它由去旅行的男性来加工，由被岛屿所约束的女性亲属来供养，而木头转而作为独木舟载着男人们向前探索和冒险，通过他们的旅程和贸易网络把其他的货物和珍宝带回岛上，带给他们的女性亲属。因此，独木舟把和木头与土地相关的沉重感与女性特征转变成了男性跨越水面航行的轻盈感与速度感。独木舟既通过男性特质也通过女性特质体现出来。不过，当它被"装饰"和雕刻得非常美观、变得"像闪电一样"十分轻盈时，正是这种美所具有的突出的男性特质的"光芒"，通过男性化的跨海航行和交换行为，反过来吸引并扩大了加瓦人自己的社会空间（Munn 1977）。

值得一提的是，乔治斯·巴塔耶的《眼睛的故事》（Story of the Eye）（Georges Bataille 1987［1928］）与之不同，它作为一个对回指链条的调查，以一种类似的方式描述了物质呈现方式的转换［此处我要感谢平尼关于巴塔耶故事（Bataille's tale）中巴尔泰斯（Barthes）的讨论（Pinney 2005：267）］。巴塔耶的故事回应了皮尔森（Piercean）的性质符号❷研究和芒恩自己在其加瓦研究中关于这些性质符号的讨论。在巴塔耶和芒恩的解释中，随着性质符号以不同的呈现方式展开，回指性链条的线性形式促成了不同的介入方式——即差别性的依附或者信奉，它们［在劳斯（Rouse）的意义上］附属于同样的可以相互识别的现象。巴塔耶描写了"基本的"和"粗俗的"意象［Bataille 1987（1928）：92］在他的情色故事中如何促进了鸡蛋、一碟牛奶、尿液、证人和眼睛之间不断转换的关系。由此，他那关于不同的遭遇、配对、渎神的融合等等狂野入迷的故事便形成了。这个

---

❶ 该段翻译参照陈越主编《哲学与政治：阿尔都塞读本》相应内容，长春：吉林人民出版社，2003。

❷ 即 quali-signs。查尔斯·皮尔斯的符号学根据符号的自身特征将符号分为三类：第一类是性质符号（quali-signs），第二类是个例符号（sinsigns），第三类是法则符号（legisigns）。——译者注

混乱而入迷的故事，被错乱却绝非武断的情欲所推动而失去了控制，在这个故事里，沿着鸡蛋、证人和眼睛的轴线产生了各种回指性的联系，随之形成的是在空间、性、社会和渎神方面广泛发散的配置。这些绝对是令人沮丧的，它们重新描绘了芒恩所指的原本是多元化"时空"的那些东西，以及巴塔耶的情色故事所产生的强度："某些意象重合之处便是那些基本的意象，那些完全粗俗的意象"（Bataille 1987 [1928]：92）。在巴塔耶和芒恩两人的解释中，生殖器分泌物在生机上进行了生产能力的重新配置和推动促进，而且在空间和时间上都是转换性、扩张性的——他们一个是规范的，另一个是越界的，但两者都一样、绝非武断。

作为物质文化的对象也起着类似的作用：它们促成了对于同一现象的不同信奉，论证了列维-斯特劳斯所说的"虚幻物化"的特质（Carsten and Hugh-Jones 1995），或者说论证了产生这一崇拜物（Pietz）的相互冲突的遭遇［否则就成为构成"事物"之"集合"的不同元素的集合（Latour 2005）］。这个集合的概念证实了这些本质上异质化的、相互冲突的信奉。实际上甚至可以认为，正是这些差异化的信奉聚在一起所具有的强度，在事实上形成了物质性事物之现象，并且将其作为一种需要长期介入的东西维系了下来。家屋的建筑形式，即列维-斯特劳斯所定义的"虚幻物化"（Carsten and Hugh-Jones 1995）这一卓越的概念，恰恰是因为这些差异化的信奉与认同的汇聚，才维持了其发挥生产性功用的能力。因此，玛丽·道格拉斯（Mary Douglas 1991）关于"家屋"所促成的介入方式多样性的讨论，在不同的尺度上、在不同的时间空间和物质呈现方式下展现了这个复杂的、不稳定的但却不断涌现的事物［或者说集合，如拉图尔（Latour）所称］中所容纳和聚集的一切东西，包括建成形式及其所控制的"生产性物质资料"（参考 Strathern）。

这些关于人类活动之物质呈现方式的人类学问题，对很多建构了社会科学分析并被普遍接受的分析类型提出了质疑。本书的论点是，建筑形式是这种现代性解读和对物质世界之投入的一部分。我所希望的是去描述，这种把建筑作为一种分析类型的特定解读是如何作为一种十分特殊的物质呈现方式、形成了社会生活与管理模式的——这种方式不论是在欧美的传统与经验之中还是在它之外，都既不同于民族志与考古学中的方式，也不同于更近期的民族志研究中出现的对建成形式的解读。

第1章 漫长的19世纪

1

本章回顾了19世纪欧洲关于建筑起源和史前的、非欧洲的建筑形式的研究，这些研究可以追溯到古罗马建筑理论家维特鲁威（Vitruvius）的著作。他的《建筑十书》（Ten Books on Architecture）推想了建筑一些可能的起源，并且认为它们来自于一些"原始"的原型，这些原型脱胎于人们有序地把不同的构件组装到一起的行为，并最终促进了社会与人类的产生［参见维奥莱-勒-迪克（Viollet-le-Duc）关于最初的"棚屋"的描述；图2］：

The First Hut.

图2 维奥莱-勒-迪克的最初的棚屋。来源：Viollet le Duc, *The Habitations of Man* (London: Sampson Low, Marston, Searle, & Rivington, 1876)。

远古时候的人们如同野兽一般，在树林中、洞穴里出生，茹毛饮血地生活。随着时间流逝，某处茂密的树林……着了火……居住在那里的人们被迫逃跑……当火熄灭以后，他们靠近那里……召唤其他人过来，打着手势表明他们从中所感到的舒适。人群集聚在一起，人们各自发出一些简单的声音来进行表达，在日常行为中，人们渐渐形成习惯，把一些偶尔说出的词汇明确地固定下来；接着，又命名了一些常用的事物，结果便是……他们开始说话，从而产生了人与人之间的交谈（Vitruvius 1914：38）。

因此，正如瓦图姆（Hvatuum 2004：30）对于维特鲁威的评述所言，对于建筑形式起源的调查，是跟对于人类社会起源及其对人类之意义的调查分不开的——这种不可分割的特性标示出了一个经久不息的问题，即阐释关于人类、自然和建筑形式之关系的本质，阐释它们与一般性的社会生活和人类生活的产生过程之间的联系。此外，语言的重要主题——人类的社会组织和道德准则，很早就见诸维特鲁威的著作中，两者被认为以一种建筑性的关系密切地相互联系、相互建构（Hvatuum 2004）。基于这样的联系，在理解人类社会的本质与结构的过程中，建筑形式被看作是人工制品中最为卓越的代表。在 19 世纪的讨论中，建筑形式是最重要的一类分析对象，通过它可以思考过去和未来人类社会与人类居住的起源与理想形式。实际上，这两种理想化的状态正是分析中同一枚硬币的正反两面。其结果就是建筑在 19 世纪成为人类学中一类独特的分析对象，它形成了人类学学科的重要基础，并且以多样化的形式一直延续到今天。建筑在 19 世纪作为一类研究对象崛起，是为了在特定的情况下满足特定的智识需求；然而在如今，这些需求已经随着人类学的发展发生了显著的变化，它们尽管与如今的需求有所联系，亦有相似之处，但是从当代的考量来看已是迥然不同。例如，仅就人类的普遍性而言，就存在着各种各样的理论形式，上至 19 世纪的"人类心理一致说"❶（Stocking 1995），下到 20 世纪的普遍主义观点。因而，对于建筑这类分析对象，需要更直接地重新思考其起源问题，才能更好地在今天理解建筑及其功能。尽管建筑的功能已经发生了显著的变化，对它的信奉却依然强烈。

通过一个较早期的案例，约瑟夫·雷克沃特（Joseph Rykwert 1981）记录了 17 世纪的德·洛布科维茨主教（Bishop de Lobkowitz）等欧洲评论家如何通过探险家的观察资料重申了维特鲁威的观点。德·洛布科维茨用古典的语言描述了伊斯帕尼奥拉岛（Hispaniola，海地）的本土建筑，以及伊斯帕尼奥酋长的宫殿。雷克沃特认为，主教可能已经注意到了美洲其他地方的石材建造传统，但是选择了忽视它们。相反，洛布科维茨的目的是在维特鲁威的传统下，阐述"原始棚屋"这一分析中所说的普遍性，正是这样的理论逐渐发展成了古典秩序（Rykwert 1981：137）。通过将这些反复出现（即使有时并不完美）的木制"原始棚屋"实例的相关记录进行分类，德·洛布科维茨从一个明显的欧洲民族中心论的视角论证了古典秩序所倡导的关于全人类的普遍主义，并认为这是人类永恒原则最完善的体现，其证据则遍布世界各地，正如人类学记录所显示的那样——既可以在海地见到，也可以在欧洲过去和现在的记录中见到。

在之后的 18 世纪，阿贝·洛吉耶（Abbé Laugier）的著作中对建筑的起源进行了推

---

❶　由德国人类学家阿道夫·巴斯蒂安（Adolf Bastian）最早提出，认为所有的人类不论来自什么样的文化和种族，其心理认知上都有一些共同的构成。——译者注

想，又一次提高了维特鲁威"原始棚屋"理论的重要性（图 3）。随着欧洲人探险和殖民活动的兴起，他们见识到了其他的族群和建造传统，欧洲建筑形式的中心地位变得不再那么显而易见了（Hvatuum 2004：37）。只有透过表面现象深入观察民族学意义上的"他者"和考古学意义上远古时期的"他者"，才能真正理解形式的意义。建筑形式的起源问题与人类社会形式的起源问题是密不可分的。在维特鲁威的传统中，语言、社会秩序和建筑是紧密相连的。在 18 世纪，启蒙运动时期的思想就是基于对起源的追问而形成，最终建立了理性思考的基础。正如瓦图姆所说的那样，这就是我们在笛卡尔思想下所坚信的理性思想：去寻找人借以建立和捍卫自身理智与行为最基本、最坚实的原则（Hvatuum 2004：

图 3　洛吉耶的"原始棚屋"。来源：British Architectural Library，
Royal Institute of British Architects。

30—34）。然而在卡尔波（Carpo 2001）看来，这种对形式及其起源的早期研究，更重要的是与早期现代欧洲对新技术之涌现的关注有关——尤其是印刷机的出现，他认为这使得人们对视觉形式的关注超出了其他事物。如同卡尔波所述，线描的视觉形式通过印刷机得到了推动，而书籍的广泛传播是建构思想得以发展、传播，并为人理解的最有效的途径；这与维特鲁威思想的传播方式截然不同。众所周知，后者通过手稿传播，是非视觉性的、文字性的（Carpo 2001）。这一新技术有力地促使人们超越地方性的解读习惯，在视觉和形式方面产生稳定的理解，并通过视觉化的印刷形式，获得一种稳定性和可再现性，从而超越地方性的偶发事件、传统和空间，形成更为普遍性的知识形式（Carpo 2001）。

如瓦图姆（Hvatuum 2004：31）所述，诸如此类启蒙运动时期对于表象形式之后潜在规律的研究，正是卢梭（Rousseau）的研究及其对人类本性之追寻的核心。据瓦图姆观察，阿贝·洛吉耶与卢梭类似，曾试图去寻找建筑的本质基础，而这与社会秩序和道德是紧密联系的，"建筑和其他艺术是一样的；它的规律建立在朴素的自然之上，而自然的过程则可以清晰地体现其规则"（Hvatuum 2004：31，引自 Laugier 1977：11）。洛吉耶进一步说道："这就是朴素的自然之进程；艺术通过模仿自然过程而产生。人类所有曾经构想过的建筑华丽辉煌的形象，其原型都是我刚刚所描述的乡野小棚屋。正是通过不断追寻最初原型的朴素无华，我们才能避免基础性的错误，达到真正的完美"（Laugier 1977：12 quoted in Hvatuum 2004：31）。因此，"原始棚屋"是最接近于上帝神圣的造物与秩序的。通过人类的模仿，棚屋被一次又一次的再造，并通过感应巫术成为一种利用神的力量和权威的途径——即通过再现某种特定的形式，来再现并利用原形的力量。

洛吉耶的研究清晰地建立了其起源理论。瓦图姆（Hvattum 2004：34）提到，洛吉耶是多么想要追随笛卡尔的脚步（一个世纪之前），构建出建筑理性的基础——"一种关于建筑的公理"。正如瓦图姆所观察到的，"建筑的范畴，一直以来都因为人们鉴赏和感知的相对性而模糊不清，如今终于被引领到了理性的光辉之下"（Hvattum 2004：34），因此，"要把建筑从偏见之中解救出来，就要去揭示建筑那些恒定不变的法则"（Hvattum 2004：34，引自洛吉耶）。故而在瓦图姆看来，洛吉耶的"原始棚屋"理论并不是维特鲁威那种晦涩模糊的起源说，而是关于建筑的"笛卡尔公理"（Hvattum 2004：34）。

瓦图姆还提及了 19 世纪中期的理论家格特弗利德·森佩尔（Gottfried Semper），他反对"原始棚屋"起源理论，认为它并没有提供一个直接的原型。不过，森佩尔在讨论特定传统时，还是谈到了这一寻找建筑公理的研究："更确切地说，建筑的起源和规律，要从建筑初始时期的历史特性中去寻找"（Hvattum 2004：35）。在这一点上，人类学提供了大量的案例，来说明世界各地的情况。瓦图姆还记述了森佩尔提及的另一种建筑形式，它尽管是一个较为近期的案例，但却十分重要，就是 1851 年世博会水晶宫中所展的"加勒比棚屋"（图 4）。瓦图姆认为，这栋棚屋不像洛吉耶所举的例子那样是一个模糊抽象的对象，"而是一栋真正的房子"——"借用民族学视角来看，它没有任何想象与虚构，而是一个高度真实的木构建筑的实例"（Hvattum 2004：36，引自森佩尔）。接着，森佩尔又这样描述这栋棚屋："古代建筑的所有要素都以它们最原初的样子呈现出来：火塘是中心，台基被杆件所构成的框架所围绕而形成一个平台，屋顶由柱子支撑，席子则作为空间的围合

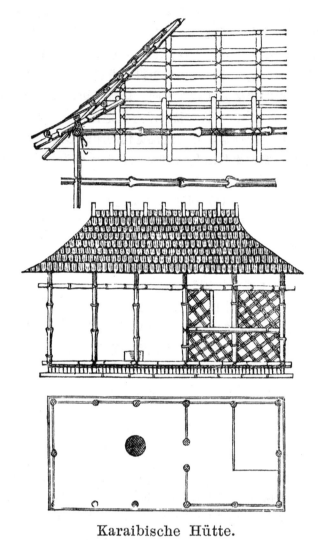

Karaibische Hütte.

图 4　森佩尔的加勒比棚屋。来源：The University of Edinburgh。

或是墙体"（Vuyosevich 1991：6，引自森佩尔）。通过这样的论证，森佩尔可以说呼应了水晶宫本身，它也有柱子，有"杆件"构成的玻璃框架，有围护空间的"席子"（图 5）。

　　然而，森佩尔关于装饰的讨论——尤其是关于墙面装饰的讨论——主要还是聚焦于建筑形式的考量而提出的。森佩尔不像维奥莱-勒-迪克，普金（Pugin）和拉斯金（Ruskin）（Mallgrave 1989：40）那样主要关注材料与建筑形式的真实性，而是把焦点从建筑结构转移到了室内的装饰性表皮上。表皮与装饰是建筑形式最先为人感知的部分。像墙体这样的建筑元素，只不过是其装饰性表皮无足轻重的支撑物罢了。森佩尔根据对游牧帐篷形式的调查论证了这一观点，他认为编织的隔断、织物等这些是形成空间围合最基本的东西，而墙体本身作为固定的建筑元素，其存在仅仅是为了支撑这些表皮罢了（Semper 1989：103—104）。这一论断的真实性，即织物隔断在本质上是不是凌驾于建筑形式之上，并非是需要论述的重点。真正值得论述的，是森佩尔的分析将讨论的核心领域从形式转移到了表皮上。森佩尔树立了一种有趣的、创造性的逆向思考建筑的方式，通过给表皮赋以重要

INTERIOR OF THE GREAT EXHIBITION.
N° 10
Grand State Opening, May 1, 1851

图 5　水晶宫，1851。来源：Mary Evans Picture Library。

意义，开创出了一种更加现象学的介入方式。这体现出了一种对表皮更加微妙的理解，就建筑形式的使用和维护而言，尤其是就日常活动而言，表皮是建筑发生社会性交互的关键部位，而日常活动在长期的过程之中形成了社会关系的再生产；相较之下，建筑形式本身则更多的是在建造和维护的过程中形成空间与人的互动。

就森佩尔而言，瓦图姆（Hvattum 2004：37）认为，随着 18 世纪以来传教士和其他人的旅行报告大量涌现，一元化起源理论的真实性不断地受到挑战。这些报告通过描述他们看到的、在当地环境影响下形成的、异常多样的建筑形式，来驳斥永恒性的观念。瓦图姆认为，这体现了一种向地理特殊论的转变，这种转变预示了后来民族精神的形成，以及它之后在民族国家、民族形式以及本土民族物质文化的产生发源中所扮演的重要角色。接着，这些对于环境因素的考量成为可持续性调查、环境影响力调查的核心内容，进而又推动了更多新近的对于乡土性的、非欧洲的、非定居的建筑形式的调查（Amerlinck 2001；Prussin 1995；Rapoport 1969；Vellinga 2009）。

瓦图姆（Hvattum 2004：42）写道，森佩尔因此而反对一元化起源理论，也不认为有一栋确切的"原始棚屋"——同时，盖特梅尔（Quatremère）的三重性体系描述了"三种类型的人类社群：狩猎与采集社群，游牧民社群，以及农业人群"（Hvatuum 2004：39）。在这个体系中，真正的建筑只可能随着农业定居人群的建造活动而产生，每种建筑类型都对应着一种特定的社会组织形式与气候类型（Hvattum 2004：39—43）。

瓦图姆观察到，森佩尔依据他对于 19 世纪多样化的、迅速发展的人类学资料的研究，转而倡导建筑"诗意的理想"。瓦图姆提到了古斯塔夫·克莱姆（Gustav Klemm）的影响，他在多样性探索上影响力很大，在他的著作《人类文化通史》（Allgemeine Kultur-gechichteder Menschheit）中，他以史诗般的长度考察了人类文化的多样性（Gustav Klemm 2004：43）。他主张是"人类的表达欲"导致了各种各样的文化类型（*Kunsttrieb*）。这些形式通过模仿神话呼应了人们关于起源的信仰；物质文化的差异基本上就是使用可行的技术进行有效表达上的差异（最终在书写上达到了巅峰）（Hvattum 2004：43—46）。如果秉持这一观点，将不同的技术看作是对神话的具象化表达，那么建筑和其他的艺术就是在表达人类"通过游戏式的模仿来控制世界的强烈欲望"（Hvattum 2004：46）。最终，森佩尔回应了"原始棚屋"说，认为它是"形式的组成部分，*但并非形式本身*，而是造就形式的理念、驱动力、目标和方法"（Semper quoted in Hvattum 2004：65）。正如瓦图姆所说，"森佩尔毕生的抱负就是寻找和定义这些'组成部分'——并且最终找到了它们，它们并非考古学的事实，而是具有创造性的原则"（Hvattum 2004：65）。森佩尔主张，建筑的墙体起源于编织的隔墙，而编织与绳结则起源于仪式性的表达和舞蹈："建筑的开端与编织的开端是一致的"（Hvattum 2004：70，引自森佩尔）。瓦图姆观察到，对森佩尔来说，穿衣服，即"*Bekleidung*"这个概念，"在本质上是与空间围合相联系的"，空间围合"甚至早于给人体穿衣服"（Hvatuum 2004：70—71），他重申了对身体和建筑进行覆盖这一话题，强调了关于这种参与交互的更宽泛的现象学框架。

于是，如同瓦图姆所述，森佩尔取代了原来的"原始棚屋"概念，转而提出了"一个综合性的结构体系，它由四项基本的建筑动机，或者说建筑要素构成"（Hvatuum 2004：71）。墙体及其构成要素模仿的是最初的编织围护结构，其基本原则就是围合。这是每个时代、每种文化中都被仿效的基本原则或者说结构。被仿效的不是外在的形式，而是内在的结构。瓦图姆观察到，森佩尔就像另一位与其相当的解剖学家居维叶（Cuvier）一样，根据功能将建筑形式进行了分类："不是形式上的实体，而是功能上的实体，以使功能关系之间的而非形式之间的比较得以可能"（Hvattum 2004：130）。

2

要理解森佩尔本人对于建筑形式起源的观点所产生的背景，水晶宫自然是其核心［参见 Purbrick 2001 的讨论］。关于水晶宫，森佩尔记述到（被引用于 Hermann 1984：179）："这些纤细的柱子作为'原始'幕墙的支撑，与悬垂的帘幕、挂毯充分地融合在一起……那么我们就可以看到，在这栋绝妙的建筑中，原始建筑的初始形式被不经意地再现了。"正是在这次展览上，森佩尔不仅见到了这一颇有溯古之意趣的新建筑形式，也在殖民地展区见到了加勒比棚屋模型（Hermann 1984：169）。在此，必须要提及在衣物、住宅和语言之间存在的持续而密切的联系：这三类文化在传统上都将人类与动物区分开来，在不同时期作为彼此的类比呼应而存在。其中，建筑与衣物之间的类比尤为基本，它体现了建筑形式与身体形式之间摇摆不定的关系，正如后文所说，我们常常很难把两者明确地区分开来（Casten and Hugh-Jones 1995）。

就像里克沃特（Rykwert 1981）在《亚当之家》（On Adam's House in Paradise）一书中所声称的那样，对于"原始棚屋"的关注，其实是对于建筑基本原则的永恒的关注。但是，这里讨论的核心是不再将建筑形式作为一切解读的基础，而是强调，建筑形式只是人们聚集到一起并建立亲密联系的方式之一——即把相互联系的事物和人聚到一起——来有效地影响人际关系、塑造人。尽管要通过不同的物质呈现方式来建立亲密关系有很多方法，但这些方法通常都与建构脱不开关系。在这些讨论中，人类的本质特性反而是可能受到质疑的：人类与动物的区别在哪里？文化的基本类型有哪些？这些类型可以在何种条件下被解读或者扩展？例如，诺尔德·埃根特尔（Nold Egenter）就在研究中质疑了这些区别，并且把这些讨论扩展到了人类之外，涉及了非人类的建筑形式。

里克沃特（Rykwert 1981：183）认为，一旦有了理论更新的需求，关于"原始棚屋"的调查就会随之发生。根据这一点可以进一步发现，这些对于起源形式的思考，不论是针对某种"原始棚屋"的调查还是更为晚近的仿生建筑的调查，都是试图在必要之时更新理论。从 20 世纪中期马丁·海德格尔（Martin Heidegger）的研究，到 21 世纪乡土研究核心领域中的理论发展和改良，其主旨都是通过理论的更新来调整对于建筑形式的分析研究范式，尤其在乡土研究中，人们正是通过不断地讨论这些形式，对其进行表述和扩展，才能对各种类型的社会生活以及其中的特征性冲突进行阐述、扩展、消解，或是质疑。

3

世博会、水晶宫与森佩尔一起，标志了这样一个时刻，它不仅对理解建筑形式十分重要，也对同等地理解人类社会发展十分重要。大量的事物和人群都集中在这一巨大的、被玻璃包裹的空间之中，这样的场景只有工业革命带来的新材料和新技术才可能实现，显示出了新知识所带来的可能性，以及它们对于社会的介入和影响。水晶宫这一空间比任何古代的藏宝室所能实现的空间都要宏大得多，从而把更广大的民众聚集在一起（显然也就不再那么曲高和寡），也把人类在不同时期、不同地点所生产的大量产品聚集在一起，这不仅促进了人们对于物质形式及其社会性组构之演进的系统性理解，也促使人们在一个更广阔的社会尺度中去理解它们，既包括英国社会中的精英群体，也包括工人阶级。在这样充分民主的空间和认知中所产生的这类知识，或许正预示了此后皮特·里弗斯在贝思纳尔·格林（Bethnal Green）所做的工作，即致力于提高伦敦乃至英格兰广大工人阶级的教育水平和人口素质，这些工作同时也促进了该地区的社会革新和知识进步（Chapman 1985；Bennett 1995）。在森佩尔的陈述中，水晶宫这种崭新的建筑形式展示了这类革新所产生的条件，也体现出了建筑形式潜在的整体性原则，可以说与皮特·里弗斯在某种程度上颇为相似：两者都致力于去解读一些原则，可能正是因为有了这些原则作基础，水晶宫的展览才能以那样一种前所未有、难以置信的方式陈列出人类技术成就浩如烟海的成果。

水晶宫的展览展示了在一个极致的建筑形式中，事物的聚集展示可以促成不可思议的、前所未见的知识的系统化。皮特·里弗斯可能就是在水晶宫里想到了一套系统性的、比较性的体制，来促成关于人类的更为缜密的比较科学，从而启发了他去进行收藏活动（Chapman 1985：16）。皮特·里弗斯十分关注 19 世纪社会与物质的快速变迁（Buchli 2004），并找到了合适的途径，以一种系统化和物质化的形式来实现他的"发展哲学"。通过人工制品的比较性研究来建立知识体系的方法由来已久，早在文艺复兴时期的欧洲出现的藏宝室，就是今天为人熟知的博物馆和博物馆学传统的前身（关于此类欧洲收藏的历史参见 Belle 1995；Pearce 1995；Tliomas 1997）。新兴的考古学、人类学这些学科可以参与研究这些来自偏远的、消失已久的社会中的人工制品，作为系统了解人类社会的基本方法。考古学和人类学这两个学科都依赖人工制品作为它们的基础数据——即泰勒所谓的实例研究法（Buchli 2002），这在两个同源学科的发展中都是关键的参照点。

这种观点一方面是受到了对偏远民族人工制品的收藏活动的影响，这些收藏是了解遥远民族或古人生活最基本的途径；另一方面也是出于人们面对时代剧变时的强烈感受而产生的，正是这种感受推动了像皮特·里弗斯这样的人。起初，皮特·里弗斯作为一名军人，所关注的是他所处的时代中火器的快速变化，这些变化迫使他对其进行了详细的了解（Buchli 2004）。类似地，随着工业革命的兴起，19 世纪的人们前所未有地在各个方面广泛地体会到了的各种变化和差异，用"发展哲学"的话说，这些变化同样要求人们对其进行系统性的理解（Buchli 2004）。像这样的比较，使得普遍发展论和单线进化论中涌现的自由主义原则变得愈发清晰。"人类心理一致性"可以这样来理解，所有时间和空间中的人类都被看作拥有一种普遍的人性，只是在技术发展上的程度不同而已。不过，这种发展论带着一种浓重的忧郁情调，进而激发了人类学家们的奋力工作，正如皮特·里弗斯在 1867 年所说的那样：

> 几乎毫无疑问，在数年之内，所有重要的野蛮民族都会从地球上消失，或者为了保存其本土艺术而不得不停止发展。这条规律在让所有野蛮民族得以接触比自身高出许多的文明，同时也给他们带去了消亡的命运，如今，这一切正在世界上的各个角落里残酷而剧烈地发生着（Pitt Rivers 1867）。

种族主义者，帝国主义者和种族中心论所留下的关于单线进化论的思想已经得到了恰当和公正的记述与评论，但是我们仍然要谨记这种由发展哲学所促成的强烈的自由主义和普遍主义的价值观，以及物质文化研究中的客观教训。如斯托金（Stocking）所说，像泰勒这样的人物见证了人类学成为一门"自由'改革者'的科学"的过程（Stocking 1995：xiv）。

4

有了玻璃和铸铁这些工业时代的产物，人们建起了水晶宫这样的建筑，形成了宽敞、明亮的大跨度空间——以一种相当壮观的方式——人们可以在其中体验那种维多利亚时代许多自由思想家们所谓的"人类心理一致性"，这个概念是由德国人类学家阿道夫·巴斯蒂安（Adolph Bastian）提出的。在感性和知识的层面上，这样一处空间使得人们对于这种心理一致性的感受达到了前所未有的明确清晰的程度。正是这样的工业化的空间，才有能力以如此超常的方式把各种各样的新形式的社群和知识聚集在一起（参见 Latour and Weibel 2002，关于聚集以及事物）。也正是如此，森佩尔才能去辨识那些潜在的原则，理解这些琳琅满目、令人眼花缭乱的技术与工艺产品，优雅小巧的加勒比棚屋就是其中的代表。同样，皮特·里弗斯可能也是看到了这种从理论和物质上对不同人类社会多元化的技术成果进行展示和思考的方法，才受到启发而提出了单线进化论体系，这是他对于人类社会演进和物质文化的首个系统性研究（图 6）。就像藏宝室可以促进不同事物之间的比较、形成新的联系一样，水晶宫也可以起到类似的作用，而且可以尽可能地面向广大民众，尺度空前。这类比较的影响力一直留存至今，在随 1851 年世博会之后建立的伦敦科学博物馆（London's Science Museum）以及维多利亚 & 阿尔伯特博物馆（Victoria & Albert Museum）渊博的藏品中，都可以感受到这种影响力。

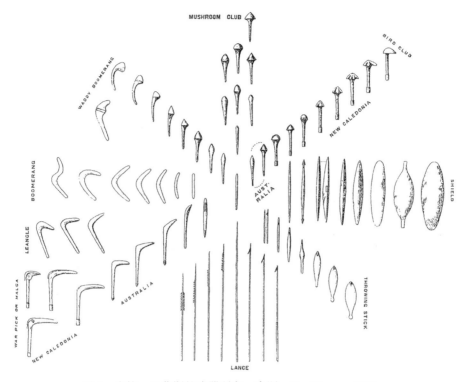

图 6　皮特·里弗斯的武器研究。来源：Pitt Rivers，1875a。

　　人工制品作为物质文化的一种体现，被用来描述不同族群的社会与技术发展水平；像这样关于社会和技术发展的单线演化观念在路易斯·亨利·摩尔根的《古代社会》（Ancient Society）一书中得到了最好的体现。摩尔根及其他人类学家关于物质文化的研究，对马克思和恩格斯唯物主义哲学的发展起到了推进作用。就如马克思所说的那样："在对业已消失的社会经济形态进行的研究中，过去遗存下来的劳动工具十分重要，其地位与骨骼化石在鉴定已灭绝的物种时所具有的地位重要性相当"（Marx 1986：78）。秉持着这种理念，人们就可以阐释过去和现在的物质形式，进而去推断它们未来的发展。此后，女性主义者在重新讨论恩格斯的著作时，将同样的观点运用到了当时的家庭生活形态和性别研究中去，以此来推想新的、更具社会公平性的发展状态。在这样一种发展哲学下所产生的实例研究法，对于 19 世纪和 20 世纪社会历史批判理论的发展具有高度的影响力，同时也是关于社会新生活的批判性展望的基础，而后者正是社会进步运动的核心内容。

　　路易斯·亨利·摩尔根以一种比皮特·里弗斯视野更广的方法论述了物质形式与社会形式之间的关系，并且进一步发展出了一套整体性的、有力的关于人类与社会演进的单线进化论，奠定了 20 世纪北美人类学与考古学的相当一部分理论基石，也为苏维埃马克思主义人类演化理论与物质文化理论打下了基础，进而塑造了人类学建筑研究的理论雏形。

摩尔根同样延续了洛吉耶与森佩尔的话题来进行论证，和维多利亚时代的"人类心理一致性"观念保持了一致："所有的建筑形式都源自于一种共同的思想，继而展示了某些共同理念的不同发展阶段，来应对共同的需求……从易洛魁（Iroquois）的长屋（Long House）（图 7）到新墨西哥、尤卡坦、恰帕斯和危地马拉那些用土坯和石头建造的联合大公寓，他们的房屋都可以看作是来自于同一套运作体系，只是由于这些部落处在不同的发展阶段而自然地呈现出一些差异"［Morgan 1965（1881）：xxiii—xxiv］。

Ho-de'-no-sote of the Seneca-Iroquois.

图 7　摩尔根的易洛魁长屋。来源：Morgan，1965（1881）。

对于摩尔根而言，类似易洛魁这样的例子体现了野蛮文明发展的较低阶段，阿兹特克的例子则代表了野蛮文明的中期阶段。因此，人们在看到这些建筑形式时，就可以据此去追溯历史，检视整体社会演进过程的早期阶段。所以，摩尔根的单线体系可以用《古代社会》中的这张表格来概括［Morgan 1978（1877）：12］：

1）蒙昧时期的低级阶段，从人类的幼稚时期到下一阶段的开端。

2）蒙昧时期的中级阶段，从获取鱼类食物和用火知识开始。

3）蒙昧时期的高级阶段，从弓箭的发明开始。

4）野蛮时期的低级阶段，从陶艺的发明开始。

5）野蛮时期的中级阶段，东半球从驯养动物开始，西半球从使用灌溉技术种植玉米和其他作物，以及用土坯砖和石头建造房屋开始。

6）野蛮时期的高级阶段，从熔炼铁矿和使用铁器开始。

7）文明阶段，从发明音标字母和书写文字开始，直到现在。

在摩尔根试图将美洲印第安人的建筑作为单线进化体系的一部分而进行的研究中，有一个比较特殊的例子，就是易洛魁的长屋，他提到这个例子时，认为它体现了"居住中的共产制"，"在实际生活中，存在着一种居住中的共产制，但仅限于家庭之中，这种共产制原则在房屋的平面布局中得到了体现"［Morgan 1965（1881）：127］。易洛魁的长屋同时也印证了母权原则，这个概念由巴霍芬（Bachofen）发展出来，是之后恩格尔在《家庭、私有制和国家的起源》一书中对 19 世纪的家庭与性别制度进行攻击的核心，而这本书是 20 世纪 30 年代之前苏联关于史前时期的启蒙读物（Miller 1956），也是女性主义历史与社会理论的早期读本。

摩尔根得出了这样的结论，"他们在家庭生活中实行共产制，这一基本原则也在他们的家屋建筑中得到了体现，在很大程度上决定了建筑的特征"［Morgan 1965（1881）：139］，以此来回应当时的一种普遍论调，即认为建筑形式会创造出相应的社会生活以及存在形式。摩尔根通过对形式语言的运用，通过对建筑形式、空间布局和建造材料的关注，试图去强调建筑的抽象结构（而不是它们在日常使用和体验中的丰富内涵），与现代印刷传统支配下的情况非常类似（Carpo 2001）。绘图强调了这些抽象的结构性原则，而对氛围、声音、气味、各类杂物、人工制品，以及人的活动却草草带过。这些抽象的图像看起来使用了当代的表达方式，但某种程度上只是在复制粘贴，它们的内容来自于更早的文献，然后被搬到扶手椅人类学的那些虚构的研究中去，只不过又根据社会理论最近的发展进行了系统化整理而已。印刷术，纸张，书籍促进了这类比较性的探索研究，拉托尔（Latour）在提及列维-斯特劳斯的理论时曾经说，这就像是一件用法兰西学院的卡片目录制成的作品（Latour 1990：19）。像这样根据摩尔根单线进化论体系的原则进行抽象和汇编的图像，在托马斯（Thomas 1991，1997）的观察中也发挥了类似的作用，他分析了 18 世纪晚期 19 世纪早期那些凭经验绘制的细致的图像，它们内容混杂，但质量上佳，因而可以被组织在一起，形成诸如单线体系这样的知识系统，来描述历史，描述人类心理一致性的体现形式。如安东尼·维德勒（Anthony Vidler 2000）所述，比起 20 世纪标准化的现代主义建筑绘图，这些建筑图像更像是草图的形式，它们剥离了地方化的对建筑进行解读和介入的特殊性，来形成一套稳定的、可互换的、更具普遍性的对于建筑知识的解读。在 19 世纪后半叶，人类学与考古学通过这些抽象的、互适的形式极大地激发了政治上的设想，在后文就可以看到摩尔根对于卡尔·马克思（Karl Marx）和弗里德里希·恩格斯（Friedrich Engels）政治历史研究的深刻影响。

回顾历史，水晶宫可以被看作是一道分水岭，它充分展示出了工业化的建筑形式可以实现的空间、社群和知识的新形式，也推动了一种新的普遍性思想，并在之后关于人类精神一致性的思考中得到了体现。后来的人们，例如在 20 世纪早期著书立说的华尔特·本雅明（Walter Benjamin），就提到了水晶宫的先例、巴黎的玻璃顶拱廊，它造就了一种新的空间类型，进而产生了新的活动形式与社会关系。在本雅明的文字里，"游荡者"（flâneur）这个词强调了这种新的个人特征。游荡者产生于工业化背景下产生的新型空间中，并在其物质性的影响力下被整合到了工业时代的材料和技术所催生的新型空间与社会关系之中。

在本雅明关于拱廊空间的文字里，公共空间拥有了新的内向维度，家居空间被转换为了一个独特的、离散的、密集的空间，并将这些新的特质内化到自身之中。

与任何其他世纪都不同，19 世纪极其关注居住建筑。它将住居视为人的容器，在住宅室内空间中深深地将人及其所有的附属内容都包裹了进去，这让人联想到罗盘盒子的内部，仪器以及它所有的附件都嵌入在天鹅绒深深的紫罗兰色褶皱之中（Benjamin 1999：220）。

这段引文揭示了一种关于自然历史之经验的持续性思考，以及欧洲人对于视觉形式的思考，在其中，建筑和建筑空间被看作像化石一样，可以根据其材料和结构形式进行排列和解读，来形成"基因和物种"的谱系。家居空间和家屋被当成了可供解剖的形式，被拿来描述、检视和比较；它变成了一种行为的实证❶。马克思随后打了个比方，来描述建筑和家居空间可以如何被当作化石一样，作为生物活动的遗存来进行阐释（参见 Marx 1986：78）。这类化石的比喻一直持续到了 20 世纪，如同契克森米哈伊（Csikszentmihalyi）和罗奇伯格-霍尔顿（Rochberg-Halton）所写的那样："就像一些奇怪的文化软体动物一样，人类根据自己的本质来建造家屋，用一个外壳来容纳自己的个体特征。但是，这些象征性的构筑物也会转而影响它们的建造者，反过来塑造人类。因此，人们所创造的围护结构并不仅仅只是个隐喻"（Csikszentmihalyi and Rochberg-Halton 1981：138）。

作为行为的实证，作为生活方式的化石，建筑不仅仅展示了不同的、不断发展的生活模式，也展示了明确的建筑的原则，就像森佩尔的文字中所说的那样。考古学和人类学影响了建筑思想和政治设想的发展，尤其是在 19 世纪晚期和 20 世纪初期。例如，勒·柯布西耶（Le Corbusier）就是一个对建筑形式考古研究十分敏感的学生，据沃格特（Vogt）所言，这些研究正是勒·柯布西耶关于最小的基本建筑单元"细胞"（cellule）这一设想的来源，这一单元后来构成了他现代主义语汇的基础（Vogt 1998：216）。这些古老的形式证明了几何形态的重要性，也证明了关于几何形式及其所包含的神圣秩序的不朽的柏拉图式思想，通过这些"原始"的途径，人们得以去了解早期的人类（Vogt 1998：215—219）。

在这些工作中，1854 年瑞士苏黎世湖的湖畔住宅的发现是十分引人注目的（图 8）。沃格特观察到，凯勒（Keller）在视觉形象上把这些住宅与太平洋的住宅进行类比，推广人类心理一致性的理念，认为正是在这种一致性的影响下才形成了这些住宅广为人知的形象；于是，由于两者在相似的环境条件下做出了类似的技术回应，就可以认为两者处于同样的文化发展水平。他这种将阿尔卑斯族群与太平洋族群放在一起、看起来并不那么恰当的类比，是根据类似的建筑形式、建造技术和社会组织类型来做出的，而其思想内核就是人类心理一致性以及单线进化论。

沃格特认为，"凯勒非常清楚，他把多累村的景象转换为原始瑞士村落的景象——在教科书《家园》（*La Patrie*）中被称之为波利尼西亚类比（analogy to Polynesia）——是一种逆行式的民族学推论。在 19 世纪中期，这种逆行式的推论非常有吸引力，因为通过这样推论，人们有望以一种实证的方式而不是虚构的方式来接近人类最初的起源"（Vogt 1998：232）。

凯勒同时也提到了在场地上发现的人工制品与新西兰的库克船长所描述的人工制品十分相似（Vogt 1998：232）。这种比较性的、经验性的评价体系会产生一种论证力，从物质和理论的层面有力地论证不同文化及其社会、物质形态间内在的相似性，即使这些文化的时期、地域和气候条件是那么迥然不同。

摩尔根、凯勒，以及其他对这些图景深信不疑的人，自然会以它们为依据来进行组织分类——其实就是在他们自己绘制的图像之外，再简单地把早先文献中的图像进行再整理。这些图像被剥离了语境，但是以非常详细的方式被呈现出来，就像尼古拉斯·托马斯（Nicholas Thomas）声称的那样，就满足人们好奇心的角度而言，这些图像质量上乘、非

---

❶　原文为 corpus delicti，与一种司法判定的原则有关，即如果要判定一个人有罪，首先必须证明这项罪行确实发生了，corpus delicti 就是这项罪行发生的实证。——译者注

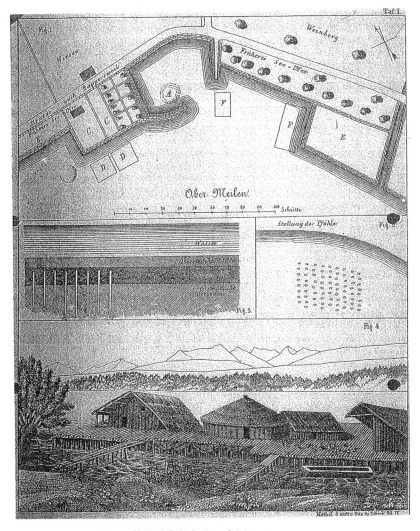

图 8　苏黎世湖的住宅。来源：Vogt，1998。

常引人入胜。然而，正如托马斯进一步指出的那样，这些图像在一定程度上是混杂的
（Thomas 1991），对它们的组织和解读与其观察者密切相关，尤其是 19 世纪那些扶手椅中
的人类学家，正是他们搜集到了这些表现形式，尤其是建筑形式。

5

自维多利亚时代遗留下来的系统化建立人类精神一致性的传统，在马克思主义者的单
线进化论体系中得到了继承，尤其是在之后的苏维埃马克思主义者之中。然而，这样的体
系在其他圈子中却开始不断消解。博厄斯的传统（Boasian）以及之后马林诺夫斯基的传
统（Malinowskian）都反对民族学中这种进化论的方法，建筑也在其中具有重要地位。尽
管这种兴趣在逐渐消减，但是将住宅和"家屋生活"作为一种过程和技艺来进行解读，仍
然是 20 世纪中期人类学最重要的两位家庭研究者——法国人类学家克洛德·列维-斯特劳

斯和皮埃尔·布迪厄（Pierre Bourdieu）的核心研究内容。这两位学者所追随的研究脉络可以回溯到马塞尔·莫斯（Marcel Mauss），在他的研究中，建筑被当作一种"原型艺术，一种卓越的创造"（Mauss 2006：130）。莫斯非常明确地反对在建立民族国家之传统的过程中把房屋的形态抽象化，他认为在第一次世界大战后的凡尔赛和平会议上，那些"因为我们还能在其余地方发现同样形式的房屋，所以这个民族国家的范围也应该扩展到那个地区"这样的说法"几乎是个笑话"（Mauss 2006：43）。像这样的评论揭示出了形式比较法的局限，也体现出了形式类型的研究对于建立乡土研究和巩固民族国家的重要性。不过，莫斯倒是很支持把建筑形式作为社会生活及其再生产得以实现的核心技术。在这一新兴的传统中，强调的是住宅以解决问题为目的、不断动态变化的特性。在这一脉络中，列维-斯特劳斯把家庭描述为一个具体的解决问题的实体（Gibson 1995），布迪厄则把住宅作为一件完工的作品（opus operatum）。在列维-斯特劳斯的"家屋社会"理论中，他描述了房屋是如何作为"关系的客观物化"发挥作用的："房屋所扮演的角色是去巩固家庭中并不稳定的联盟关系，让它并不仅仅作为一种虚无缥缈的形式而存在"（Lévi-Strauss 1987：155）。像这样，房屋作为"虚幻的物化"（Carsten and Hugh-Jones 1995），可以调和社会矛盾。此处，列维-斯特劳斯特别强调马克思核心理论中的一个观念，就是把房屋作为一种有意识的"拜物"或是某种关系的误识（Carsten and Hugh-Jones 1995：8）。但是正如前文提到的，这种误识颇具积极意义，它与一系列动态的过程相关，可以有效地协调、缓和，甚至消解在人类特定生活形式的形成过程中所产生的紧张关系（Carsten and Hugh-Jones 1995：37）。

在19世纪，房屋形式作为一种分析性的比喻，可以认为是一种误识、拜物，就像皮茨（Pietz 1985）在讨论崇拜物（fetish）这个词的起源和内涵时所说的，它所产生的原因是一种冲突。这种冲突可以认为存在于民族国家殖民时期的管理者和管理机构、调查者、传教士、人类学家和统治者之间，尽管正是他们作为居住者，在殖民地区统一着民族国家或是本土的非西方族群；正是在这种境遇之中，房屋作为一种分析类型、作为一种统治手段应运而生。这些建筑类型及其特征在殖民管理的冲突中十分重要，常被提及，他们被当作对当地人群进行调查、分类和管理的重要途径，而不是被放在当地情况下进行解读。这样的误识虽然粗暴，但是也颇为有效，就像是布迪厄所说的"完工的作品"或是像列维-斯特劳斯所说的"虚幻物化"（Carsten and Hugh-Jones 1995）那样，它消解了差异和矛盾，促成了一套全新的精神共识——一方面是列维-斯特劳斯的家屋社会，另一方面则是人类心理一致性所体现出来的普遍性人文主义，其背景则是19世纪的社会语境，以及民族国家中被统治和被解放出来的"公民们"。

6

在盎格鲁-美利坚人类学的语境中，房屋形式研究和单线进化论框架的幻灭在弗朗兹·博厄斯（Franz Boas）的研究中得到了明显的预示。斯托金（Stocking）提到了博厄斯如何质疑进化论对于"基因和物种"的分类，质疑把形式作为分析基础而进行的研究，认为"表面相似的现象实例，所蕴含的文化意义可能迥然不同"（Stocking 1995：12）。然而在1922年，这种幻灭还没那么明显，据斯托金（Stocking 1995）所言，真正的奇迹年直到马林诺夫斯基（Malinowski）撰写了《西太平洋上的航海者》（Argonauts of the western Pacific），以及拉德克里夫-布朗（Radcliffe-Brown）撰写了《安达曼岛人》（The Andaman Islanders）才真正到来。这些著作确立巩固了以田野调查为基础的人类学主流。此外，这种强调与对象进行直接接触和陈述的方法，也要放在本土文化在殖民统治和与外界的接触中快速消亡的背景下进行理解。本土社会的消亡是如此之快，以至于仅仅收集物质对象的信息、把它们分门别类是远远不够的。

弗朗兹在介绍《西太平洋上的航海者》时，赞扬了马林诺夫斯基试图去"探索人类行为之动机"的努力。这昭示了一种向精神生活和思想的转型。就像弗朗兹所说的，"社会学如果不经常借助心理学的帮助，是无法很好地完成自身的任务的"[Frazer in Malinowski 1961（1922）：viii—ix]。这种观察方法超越了外观和类型学，转而强调精神思想，这种转向尽管微小，却十分关键。另一方面，马林诺夫斯基在他的"弗雷泽演讲❶"中同样表达了对这种研究方法的赞赏，斯托金提到了马林诺夫斯基号召人类学家们"'不要再终日待在教会和政府的走廊里或者农场主的小屋里，悠然自得地躺在长椅上了'，要走到村落和田地中去，在那里信息才能'通过对当地生活的亲身观察充满情趣地涌现出来，而不是从不情不愿的报道人那里通过稀稀拉拉的谈话挤出来'"（马林诺夫斯基之语，被引用于 Stocking 1995：234）。这就是他所倡导的"田野人类学"（Stocking 1995：234）。

这标志着人类学知识构成体系的转向。在斯托金的文字中，他记述了马林诺夫斯基在其叙述的开端和结尾是怎样定位"民族志学者的帐篷"的（Stocking 1995：272；also Stocking 1999）。

斯托金参考了类似的照片（图 9）来说明这种"民族志的权威性：工作中的'民族志学者'"（Stocking 1995：262；Rosaldo 1986）。这种定位体现了一种重要的转向，用更加现代的词汇来说，可以称之为从"空间的人类学"转向了"人类学的空间"，前者在摩尔根、皮特·里弗斯以及一些其他学者的研究中可以见到，后者则是一种在方法论上更具创新性的重构。于是，斯托金写道，"作为'民族志学者'的马林诺夫斯基不仅能分享观察对象对于他们世界的观念，而且还知晓他们从不知道的事情，从而揭示那些'从产生以来甚至连其主体都不自知'的'人类本质现象'"（Stocking 1995：272）。在马林诺夫斯基看来，权威性来自于对经验的表达，这些经验必须要渗透到报道人的内部生活和动机中去——这对于 19 世纪物质文化研究的实例方法来说，在方法论和认知上都是一个极大的转变。

与此同时，对精神思想的强调也标志着一种带有潜在结构统一性的新研究方法。斯托金提到，拉德克里夫-布朗由于其早期的解剖学研究，具有一种"结构主义者"的倾向（Stocking 1995：304）。同时，拉德克里夫-布朗也受到俄国无政府主义者普林斯·克罗波特金（Prince Kropotkin）的激进主义的影响，他声称"克罗波特金是革命性的，但他仍然是个科学家，他指出了对于任何试图改良社会的努力而言，对其进行科学的理解是多么重要，也指出了就此而言，我们的朋友埃利·勒克吕（Elie Reclus）所说的原始民俗是多么重要"（Radcliffe-Brown cited in Stocking 1995：305）。

---

❶　弗雷兹演讲是为了纪念 James Frazer 而举行的一系列社会人类学讲座，在英国牛津大学、剑桥大学、格拉斯哥大学和利物浦大学举行。——译者注

图 9　田野中的帐篷。来源：The Library of the London School of
Economist & Political Science，reference Malinowski/3/18/7。

在这一新兴的社会人类学脉络中，拉德克里夫-布朗提到，真正有意义的"并不在于本土的解释本身，而在于它'和其他因素之间的相互关系'以及它'在人们整体生活中'所处的位置"（Stocking 1995：351）。因此，文化特征可以与"已知的社会学规则"相联系，这些规则可以通过"比较性方法"来揭示——也就是"对诸多'不同类型的文化'以及'同一文化类型不同变体'的共时性研究"（Stocking 1995：351）。由于这些"简单社会"正在快速地消失，对它们的共时性研究已经十分迫切，而在那之后，历时性研究才更有意义［这在考古学或者物质文化研究的语境中是十分必要的（Stocking 1995：351）］。

斯托金提到，在 20 世纪 30 年代早期，拉德克里夫-布朗是多么"期盼着'20 世纪以及之后的世纪'以'联合世界上所有的族群，形成某种有秩序的社群'为己任"（Stocking quoting Radcliffe Brown 1995：352）——事实证明，这对于怀有社会进步之抱负的人们而言非常具有吸引力（Stocking 1995：352）。如此一来，拉德克里夫-布朗可以说和马克思主义的单线进化论体系有着某些共同的目标，也和苏联以及以尼古拉·马尔（Nikolai Marr）为代表的苏维埃语言理论有着共同的基础，后者提倡这样的观点，即认为由于社会主义的优越性，不同的族群和语言最终会融合成一种统一的新形式，进入共产主义。

当然，正如斯托金所言，解读这些结构不仅对于认识社会进程十分有效，也有助于更好地进行殖民管理。随着殖民统治逐渐转向地方政府与地方精英管理的模式，社会人类学的功能主义理论就可以很好地服务于这些殖民管理的目标，即便它是一把双刃剑："鉴于进化论一直以来都为'文明的'欧洲人对'野蛮民族'最初的征服提供理想的合法性论证，'功能主义的作用'就是通过对那些使'间接规则'得以执行的传统地方体系的原则进行分类，来维持既有的稳定的殖民秩序"（Stocking 1995：368）。类似地，在更晚近一些的 20 世纪后期，关于身份认同和多样性的后现代思潮在面对本质主义时遭到了艺术史学家鲍里斯·格罗伊斯（Boris Groys 2008）等人的批判，他们把对于多样性和身份认同的表述看作是晚期资本主义市场经济的驱动力量。这一思想正回应了社会学家尼古拉斯·

罗塞斯（Nicholas Roses 1990，1996）的讨论，他认为身份认同和生活方式的产生是政治与社会契约的基石，而正是这些契约才形成了后期资本主义新自由主义社会那种特征性的统治形式。20 世纪留下的令人喜忧参半的普遍主义理论可以看作是关于精神思想的研究——尤其是在语言学思想发展过程中关于思维结构和认知过程的研究。在这里，我们可以看到语言学转向和结构主义兴起的开端。前文提到的维特鲁威的文章将建筑形式和语言融合到一起，在两者之间建立了最初的联系。随着 20 世纪早期语言学的兴起，对语言的结构分析提供了一种基于潜在的认知结构来分析建筑形式的方法。20 世纪后来的那些美国民俗学者们，例如亨利·格拉希（Henry Glassie）和历史人类学家詹姆斯·迪兹（James Deetz），就极大地推动了将基于语言学模型的结构主义运用到物质文化中去这一研究方法的发展。这种在结构主义兴起过程中的语言学转向，回应了早期皮特·里弗斯等维多利亚时期的学者们在物质文化研究中所运用的语言学类比法，"通过研究对象的语法，我们或许可以把它们的不同形式结合起来"（Pitt Rivers 1875b：300）。至于为什么会产生这样的新研究焦点，后文在讨论战后社会生活的变化时会再行论述。

7

由于进化论体系在马克思主义理论的发展中具有重要的地位，苏维埃考古学家们曾经致力于建筑形式和物质文化的研究，然而，当这部分研究随着英国社会人类学的兴起而日渐式微时，情况就今非昔比了（Buchli 2000）。类似地，基于民族主义传统的民俗学和博物馆研究保持了对于乡土建筑形式的兴趣，因为它仍然是解读民族文化和民族建筑这一事业的组成部分。在民族主义的民俗学传统中，建筑仍然是重要的革新源泉；同样地，它在苏维埃语境中也在 19 世纪发展哲学的改良主义脉络中得到了延续。

在战后时期，这类对于建筑形式和其他物质文化分析类型的研究又发生了地位上的变化，重新获得了重要意义。在英语传统中，一些调查者占据了极其重要的地位——例如爱德华·特威切尔·霍尔（E. T. Hall）、阿莫斯·拉普普特（Amos Rapoport）和亨利·格拉希，他们都重振了建筑形式在人文社会研究中的重要地位。战后时期见证了人们对于解读建筑和房屋形式的特别重视。正如海德格尔对战后时期的观察那样，住宅在经历了第二次世界大战创伤之后的复兴中具有极其重要的地位，此后数年间，欧洲和美国的房屋建设急速增长："真正困惑的是，芸芸众生永远都在重新寻找栖居的本质，以至于他们必须永远学习如何栖居"（Heidegger 1993：363；参考 Heynen 1999）。

在应对 20 世纪住宅与社会问题的革新、重振乡土研究的过程中，建筑史学家阿莫斯·拉普普特扮演了尤为关键的角色，就像里克沃特设想的那样，他直接引援了"原始棚屋"的比喻作为革新的源头。对于潜在形式的研究——尤其是对于人类心理一致性的强调——在战后的思想家中被延续了下来。拉普普特重申了摩尔根的观点，即"原始"建筑只是在建造方法上"原始"，在理念上却并非如此。拉普普特提到了人们对于建筑的忽视，回答了为何要重新对其加以关注这一问题，其理由就是我们可以从过去的历史中学到很多东西。乍看之下，这似乎并不是个令人满意的回答，但是再仔细审视的话，我们要想到这是写于 1969 年的美国，必须考虑到战后经济和人口大增长的背景。拉普普特（Rapoport 1969：12）这样问道："为什么要在这样一个飞速变化的太空时代研究原始的、前工业时代的建筑形式？"这在 1851 水晶宫世博会的时代是一个不证自明的问题。（参见 Purbrick 2001 的论文）。在回答的第一部分，拉普普特假定，我们需要研究这些建筑形式来理解日益多元化的城市和环境的复杂性，其次，他又认为"对于类型的比较可以提供一种洞察力，以更好地理解设计过程中遮蔽所和'住居'的本质，以及'基本需求'的含义"（Rapoport 1969：12）。

至此，在两个世纪之后又出现了对于洛吉耶和笛卡尔公理的回应。长期以来一直存在着这样一种理念，认为"原始"建筑和乡土建筑更接近自然，它们影响了 20 世纪中期欧美地区对于自然的观念："这类建筑试图达到一种与自然相平衡的状态，而不是去操控它，就关于建成环境、人类与自然之关系的研究而言，这进一步凸显了这类建筑超越于宏大设计传统的优越性"（Rapoport 1969：13）。类似地，这一理念也认为，乡土是传统的，并非时尚和技术变化的主体，"这些社会从模糊遥远的过去一直延伸到现在"（Rapoport 1969：14），以一种熟悉的方式向大多数 19 世纪的单线论者展示出，就建筑与技术形式的复杂性而言，人们可以直接了解到过去的历史时期。可以说，拉普普特在这些文字中是信奉 19 世纪关于形式与思想的普遍性论调的，就像奥切安（Oceania）在阿尔卑斯所说的："欧洲新时石器时代的干栏式湖畔住宅看起来和新几内亚的一些住宅完全相同"（Oceania 1969：14）。拉普普特用摩尔根的方法调查了一系列"看起来完全相同"的建筑类型，引用手稿中的绘图，来唤起人们对于形式相似的类型之特征的关注："所有这些实例表明，只要在广为接受的模式之上稍加创新，就可以使建筑形式持久地存续下去"（Rapoport 1969：14）。

需要注意的是，摩尔根的《印第安人的房屋建筑与家室生活》（Houses and House-Life of the American Aborigins）（1881）在 1965 年再版，比拉普普特 1969 年的代表作仅仅早了数年。摩尔根的《家室生活》（House-Life）是从《古代社会》（Ancient Society）一书中分离出来的，它本来是后者的第五部分。但是那样的话，最终成书就会体量太大、难以印刷，因此关于建筑的部分就以《献给北美民族学》（Contributions to North American Ethnology）（第 4 卷，1881）为名，由美国政府印刷处单独出版［参见摩尔根最初的序言，Morgans，1965（1881）：xxiii］。

8

从摩尔根到拉普普特的这条脉络展现出了一种持续性的关切，其对象包括人类居住形式的普遍性，以及这些形式对于我们理解思想、身体、环境、历史之内涵的意义。在一个更高的分析层面，这条脉络还可以被理解为一种由来已久的、对于何为普遍之人类这一问题的思考——简而言之，这些论述性的调查勾勒出了何为人类，就像那些住宅造就和构成了人类丰富多样的生理和精神生活那样。拉普普特声称想要去鉴别那些"看起来极具普遍性的东西，并且在不同的语境中去考察它们，以最好地去理解到底是什么影响了住宅的形式"（Rapoport 1969：17）。然而，这一方法与早先研究思想和文化演进的普遍主义方法有一个关键的区别，就是拉普普特和苏珊·肯特（Susan Kent）等考古学学者还关注发展——在第二次世界大战后的时期，随着发展人类学的兴起，发展成为学界十分关注的主题。类似地，正是过度的多样性促使人们去调查人类形式的普遍性，例如战后繁荣时期就产生了可供选择的房屋形式与陈设过多的问题："结果就产生了选择过多的问题，以至于很难去选出或者找到那些在过去自然而然就会浮现的约束条件，而这些约束条件对于创造有意义的房屋形式恰恰是十分必要的"（Rapoport 1969：135）。

　　为什么这些关于思想、语言和结构的理论会再度出现，是一个值得考虑的问题。这不仅仅只是在毫无新意地老生常谈❶；事实上，人总是需要反复不断地进行建造，因此建造活动作为一项社会性的工程就总是需要被不断地思考。这是一个造就了人类生活及其新奇形式的连续过程，就如海德格尔曾经说的："真正困惑的是，芸芸众生永远都在重新寻找栖居的本质，以至于他们必须永远学习如何栖居"（Heidegger 1993：363）。对于这一使命的不断重申正是一种创造力和推动力，推动人们在永恒变幻的无常世事中不断地塑造自己。

---

❶　原文为 reinventing the wheel，指毫无创新、没有意义地不断重复前人已经发明的事物。——译者注

第 2 章　建筑与考古学

1

考古人类学传统上一直是人类学的分支领域，与物质文化，尤其是建筑的研究密切相关。正如罗斯·萨姆森（Ross Samson）指出的那样，考古学研究的是"死去的、废弃的、沉寂的事物"（1990：1）。传统而言，考古学几乎总是十分关注建筑遗存的。然而在考古学内部，有一个特殊的研究分支领域——民族考古学——随着第二次世界大战后的新考古学而兴起，对于建筑的考古学研究具有特殊意义。当下，人、物质文化与建筑之间的交互领域对于社会研究而言又重新呈现出了方法论和理论上的意义。本章将会考察这一传统，以及对新考古学的后过程主义回应，分析这些建筑研究方法的相同与差异之处。相应地，也会讨论对待建成形式之物质性的不同方法。简而言之，本章是关于考古学、关于它对长时段框架的关注而促成的各种观点的。这种关注已经使得建筑人类学中形成了极其丰富的观点。我们也会看到它推动了进化论思想和马克思主义的发展，助长了当今政治革新的前景。此外，随着语言学比喻和结构主义的发展，人们对于思想和语言的结构日益关注。这种关注与建筑参与中的行动性特质一道，在近来推动了关于建筑的讨论；建筑在诸多物质呈现方式中，作为一种扩展形式，跨越了时间、空间、涉身性介入等多个维度。

考古人类学对于建筑的关注，源自于构成考古记录的特定物质环境——简单来说，建筑的遗存和足迹是最为持久的人工制品之一。不过在这一背景下，参与最多的主要是一种特殊的物质呈现方式：即把纪念性的、物质上较为耐久的遗存作为分析的重点，它们与那些短暂的建筑形式不同，后者并不持久，在考古记录中，若不是使用近年来发展出的高度复杂的挖掘技术和实验室技术，它们是很难被看到的。

出于这些原因，考古学作为一个学科，在人类学内部发展出了一些更为复杂的内容，来说明围绕建筑形式的一些问题，从描述人类社会演化之历史进程中的原始物质环境，到构建围绕着遗产和当下的社区、民族国家之产物的一系列讨论。考古学对建成形式的物质性给予了特别的关注，来参与到这些问题之中——这种密切的关注，产生于考古学家们一直以来所处理的数据中的固有的经验性和物质性特征。

考古学固有的历史方法——研究不同规模的历史时段，而不是像民族志研究那样，以民族志某一时刻的共时性研究为特征——意味着考古学天然地就把自己同各种历时性的，尤其是进化论的方法联系在一起，这从 19 世纪以来便是如此。路易斯·亨利·摩尔根的单系进化论，及其对于建筑形式发展的特别强调，对考古学家们来说十分具有吸引力。如果仔细看看 19 世纪和 20 世纪中期的文本，整个世纪以来所提出的各种进化论方法，在本质上几乎没有什么区别。

对于考古学参与建筑研究来说，真正需要重视的是深刻地去关注形式、关注构成给定形式的原则，以及这些结构的能力，从而进行跨越时间、空间和文化的比较。更重要的是，考古学提供了一种长时间维度的视角，可以迅速地应用于从马克思主义到环境论的各种进化论观点，最近的应用则是把建筑作为跨越不同时间尺度和物质呈现方式的过程来进行解读。

2

此外，从相关联的另一个方面来说，考古学中遇到的建筑形式——特别是那些史前时期的——可以为人类社会演化和社会形式的最早阶段提供证据，这足以抓住那些激进的政治思想家的想象。19 世纪，旧石器时代晚期遗址的发现在不同方面影响了政治想象的发展，例如在激进的俄国政治圈中就随之引起了对旧石器时代的兴趣的增长（Buchli 2000）。

伴随着旧石器时代遗址在 19 世纪晚期的发现，诸多人对其进行了调查，费奥多尔·孔德拉特-叶维奇·沃尔科夫（Feodor Kondrat'evich Volkov）就是其中最重要的调查者之一。作为一个热情的民粹主义者，他培养了他的学生彼特·彼德罗维奇·叶菲缅科（Petr Petrovich Efimenko），后者后来成为苏维埃时期杰出的考古学家（Buchli 2000）。旧石器时代及其住宅在西方几乎是被无视的，但在苏维埃考古学家中却是被密集研究的主题（Childe 1950：4）。很明显地，这些结构，尤其是女性雕像的发现❶为摩尔根的蒙昧阶段和母系氏族制的生活形式提供了证据（图 10）。

像这样，对于俄国人以及后来的苏维埃社会革命者来说，考古学和人类学的形式被作为一种想象的途径，用来设想社会与政治演进的下一阶段将会如何。苏维埃马克思主义者们发展了摩尔根勾勒出的单系体系，进一步引入了社会主义和最终的共产主义阶段，届时，物质文化和社会组织将会达到与史前时期相呼应的平等主义的形式。在 20 世纪 20 年代的苏联规划中，城市规划学派（urbanist）和去城市规划学派（disurbanist）❷ 之间在形式上的很大一部分争论就是关于这样一个问题：人们应当如何比较棚屋和长屋这两种平等主义的结构形式中哪个更适宜于社会主义的实现（参见 Buchli 1999 中的讨论）。随后，摩尔根的易洛魁长屋出现在苏联的规划文献中，被作为 20 世纪中期苏维埃现代主义住宅提案的历史先例，例如格拉多夫斯（Gradovs）关于苏联规划的启蒙读本中便提到了易洛魁的长屋（见 Buchli 1999：196 的讨论）。

正如前面所提到的，伴随着单系论的破灭和英国社会人类学的兴起，将建筑作为一种分析类型这一方法和其他的物质文化研究方法一样，在面对不厌其详、身临其境的民族志田野调查时开始失去其直接的吸引力。不过，在路易斯·亨利·摩尔根的进化论与英国的社会人类学之间仍然存在着连续性，它们都很重视亲属关系，尽管物质文化领域——尤其是建筑——的趋势是转向人类学分析的边缘地带。对亲属关系的强调，暗含的是对社会结构的关注，这就意味着一些共识仍然存在，尤其是考虑到更广泛的政治议题的话。这一点对于拉德克里夫-布朗和他的政治信条来说显然是成立的，因为这些信条与马克思主义考

---

❶　通常被称为 Venus of Gagarino，指在加加林诺，即一个位于哈萨克斯坦的旧石器时代晚期的村落遗址中所发现的一批女性雕像。——译者注

❷　20 世纪 20 年代苏联的两个城市规划学派，两者在理想的社会主义城市的具体形式上持有不同观点。——译者注

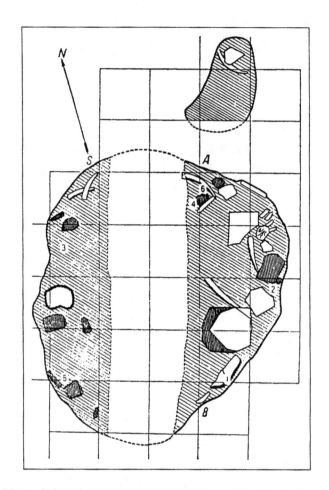

图 10　加加林诺的旧石器时代晚期的住宅。来源：Buchli，2000。

古学家们明确的单系方法，以及此后 20 世纪新马克思主义者们的方法相联系。尽管直接的交互参与非常缺乏，但共同的潜在趋势仍然是存在的。在民俗学研究领域中，民族主义的考古学传统无疑一直都在深入地参与着建筑形式的研究，通过这样的方式来构建共同的民族之过往，进而造就共同的民族之未来。此外，受到马克思主义启发的俄国革命标志着冉冉兴起的苏维埃考古学仍然对建筑形式起源的研究保有兴趣，它是马克思单系进化论理念之下更广泛的政治与社会议题的其中一部分。

3

地理学、古生物学和史前考古学的兴起在 19 世纪交相辉映（参见 Lucas 2000；Schnapp 1996；Trigger 1989）。化石的比喻在这一背景下出现，并且成为解读建筑形式与更广泛的物质文化的主导性比喻，就像马克思本人所说的那样："过去劳动过程中的工具的遗存，对于调查现存的社会经济形式来说，就像化石对于现存物种的确定一样重要"（Marx 1986：78）。化石说作为主导性的类比（参见 Stafford 1999），促成了一系列广泛的源自进化论的阐释性假说，如马克思主义、过程论以及结构主义等。这种类比的观念，随着战后时期过程论的兴起和民族考古学中民族志类比的开展，得到了前所未有的发展。结构主义和过程论都具有某种"系统性"特征（Hodder 1986：34—35），而这正是化石的比喻所赋予它们的。

在建筑方面，人们在 1965 年见证了摩尔根 1881 年的建筑研究从默默无闻而一跃成为畅销书的过程。由博安南（Bohannan）撰写的关于此书的新介绍，清晰地指出了该研究对于新进化论观点的意义［例如莱斯利·怀特（Leslie White）和埃尔曼·瑟维斯（Elman Service）的观点］，而这些观点对于新考古学过程论，对于战后由爱德华·T·霍尔的著作所激起的空间关系学研究来说，是非常重要的。新考古学对于类比的追寻和理论的创新，见证了对新考古学产生了极大理论影响的方法论的发展，也见证了对其的回应；这主要体现在后过程主义考古学的产生，以及随后物质文化研究在考古学和人类学中更加广泛的开展上。当然，这种创新是民族考古学的，它预示了当代物质文化研究的发展，其基本目标则是以民族志的方法来审视当代社会及其物质实践。在人类社会研究中，可以通过辨析当下的物质来类比理解过去社会的情况。今天的狩猎-采集社会，例如新考古学重要的理论家刘易斯·宾福德（Lewis Binford）所研究的著名的努那缪提社会（the Nunamiut），可以拿来作为过去历史中存在于相似物质环境条件下的类似社会的物质类比。所谓的中层理论❶可以提供一些结构上的解释，以把今天的社会与活动和遥远的考古学过往历史中类似的物质结构进行比较。在这一民族考古学的新学派中，日常活动的瞬间与细节得到了无微不至的刻画（参见 Binford 1978a，1978b）。各类对象以及它们的空间分布和流动都在整体的空间语境之中被一丝不苟地记录下来、予以阐释。然而在这其中，环境适应和更广泛的进化过程得到了整体性的关注，相较之下，建筑形式、建筑技术等内容都是次要的。正如宾福德追随怀特而提出的著名论述所说，文化是"一种外置的适应方式"：全部的"人、地和事物"都与彼此相互联系（Binford 1972：205）。在新进化论研究的传统中，物质文化和建筑形式可以被看作是通往更广泛的环境适应的途径，在伦敦大学学院（UCL）人类学系创始人达里尔·福德（Daryll Forde）早先的研究中，他强调了与环境相关的建筑形式与物质文化的重要性和多样性（参见 Daryll Forde 1934）。正是在这里，在伦敦大学学院，人类学中的物质文化研究在此后得到了复兴。

这带来了一系列重要的后续影响——比如说，考古学家对民族志产生了密切的关注，随之而来地，当代物质文化对于人类社会研究的意义得到了更多认可，尤其是建筑研究的重要性大大提高了。这同时也促进了更多学者对人类行为及其对物质世界的参与进行细致入微的观察解读，并导致了新考古学中后过程主义批判的产生。这些考古学家想要建立实证主义的类比，以确保对比较研究来说具有重要意义的物质基础，这遭遇了更阐释性的研究方法的批评；后者认为，民族考古学的现象要放在更加广阔的社会文化语境中进行审视，而面对这一情况，当下的那些类比是具有局限性的。考古学一向是阐释性大于实证性，以和更广阔的人类语境与认知性的物质行为相协调——因此，在伊恩·霍德（Ian Hodder）和他的学生等后过程主义者所拥护的"情境考古学"中，十分强调语境。

---

❶ 即 middle-range theory，在考古学中指把人类行为、自然过程和考古学记录中的物质遗存联系在一起的理论。——译者注

强调博安南所讨论的新进化论方法，意味着对文化过程体系之研究的复兴，以及对于新考古学的持续关注。更广泛地说，拉普普特、戈夫曼（Goffman）等人所探讨的对于建筑形式的比较研究方法指出了一种新的跨文化、跨时代的系统性理论，以推动发展进程的现代化。正如拉普普特（Rapoport 1969：12）在他第二次世界大战后的基础性文本中所主张的的那样："这类比较可以提供一种对于遮蔽所、住宅之基本特性的洞察力，洞悉其设计过程以及'基本需求'的含义"。拉普普特的主张回应了一个世纪之前路易斯·亨利·摩尔根的观点："建筑的所有形式都源于普遍性的思想，并且作为其结果，展示了相同观念的不同发展阶段，来满足相似的需求"［Morgan 1965（1881）：xxiii］。

在这一思想发展进程中，建筑人类学的分析空间转向了熟悉的 19 世纪的方式，田野调查被综合到更庞大的图式之中，以适应普遍性的现代主义发展进程。苏珊·肯特（Susan Kent 1984）开创性的民族考古学空间研究就在很大程度上重现了一百年前摩尔根进化论式的系统特征。她为知识的创造重建了类似的空间语境；正如摩尔根使用的许多报告一样，她这个研究也以 HRAF❶ 的资料为经验性框架，进而在建筑资料的基础上定义了跨文化、跨时段的形式特征。本着新考古学方法中标志性的中层理论，肯特假设"当一个社会在社会-政治上变得更加复杂时，它的文化、行为或空间使用方式，以及文化物质或建筑就变得更加隔离了。这一现象尤其会伴随着日益增长的区隔划分而发生"（Susan Kent 1990a：127）。进一步地，通过应用这一分析方法："就有可能提取出普遍性进程的特征，从而阐明文化上的差异……这在跨文化的层面上是很有影响力的"（Kent 1990a：128）。

运用从 HRAF、其他民族志资料以及自己的田野调查中得到的数据，肯特得以建立起一套一致性的建筑与社会/文化复合体系，其依据是从摩尔根框架的七个类型中选取了五类，并根据复杂性和空间隔离度从低到高进行排序（参见 Kent 1990a：142—143）。在这套分类体系和一致性的背后是一种认同，认同"解读这些关系，解读可靠的、有预见性的模式的发展，将会帮助我们理解当下对空间与建成环境的使用，也有助于理解过去和未来"（Kent 1990a：151）。肯特重申了考古学与建筑之间由来已久的双重一致性："一个人群如何组织其文化决定了其如何组织对空间和建成环境的使用"（Kent 1990a：129）——这是一个直接的方程式或者说因果关系的归因（参见 Yaneva，2012，对于此类以及其他关于建筑形式之因果关系的令人信服的批评）。进一步，这种分类方法还提出：

通过阐明文化、空间使用和建筑使用之间的相互关系，我们不仅可以建立起模型来加强我们对于建筑和活动区域的理解，而且也能确切地预见过去和未来对于空间及建成环境的使用方式。于是我们就可以开始发展出关于社会的空间理论，进而引导未来的建筑形式、更好地应对人们的需求，也帮助我们理解过去的建筑形式（Kent 1990a：129）。

肯特对于隔离的复杂程度的强调，与规划和民族志团队希利尔与汉森（Hillier and Hanson）发展出的"空间句法"（space syntax)颇有共鸣，后者甚至更加明确地宣称系统化的理性主义。他们的《空间的社会逻辑》（Social Logic of Space）（1984）一书推动建立了空间句法的基础原则，后来成为空间体系控制与发展非常重要的规划和管理工具，其应

---

❶　即 Human Relations Area File，是一个非营利性的国际组织，旨在鼓励和促进世界各地关于古今人类文化、社会和行为的比较性研究。——译者注

用范围上至城市规划，下至零售商店的布局。希利尔与汉森提供了一种普遍性的、定量化的空间使用理论，可以被有效地应用到考古学跨时段与跨文化的语境中（同样参见 Hillier and Vaughan，2007）。类似地，普雷齐奥西（Preziosi 1983）关于米洛斯宫殿建筑的研究也是一个经典的案例，它将形式分析应用到建筑墙体遗存的轮廓上，从而描述其形态，来阐释遥远的过往历史中的建筑形式。

值得指出的是，线图和印刷文化对于促成这些理论的介入来说非常重要。原因很简单，线图通过描绘耐久的墙体（不论它们是单薄的还是纪念性的）来表达空间的分隔，与其他身体性的、感官性的空间介入和区隔不同；对线图的强调有助于信息的稳定，再加上纸张和印刷品广泛分布的优势，形成了对于建筑形式稳定而广泛的理解（参见 Alder 1998；Carpo 2001；Latour 1990；Vidler 2000）。只要在印刷文化能够触及的区域内，这种稳定性可以确保知识在所有地方、所有时间都是一样的，同时，这种形式的稳定性不仅可以形成普遍性知识和学术的共同体，而且可以促成不同时间、空间中广泛而发散的语境的比较。一旦关于空间的复杂的感官体验可以被简化为线条，那么空间性的普遍形式、建筑的体验就可以被固化了。印刷文化稳定的线条提供了比较的途径，通过这一途径，形式和功能的普遍性可以被推测出来，进而得出普遍性的需求。

4

正如同语言学扶助了民族国家的建立，长期以来对语言的研究在考古学建筑理论的发展中也扮演了至关重要的角色。伴随着语言学的发展以及随后人类学中结构主义的兴起，对于用语言学类比来解读物质文化的兴趣——尤其是对于建筑形式的兴趣又重新燃起。皮特·里弗斯在 20 世纪中期进行的观察研究在第二次世界大战后又再次出现，"通过研究对象的语法，我们或许可以列举出它们的不同形式"（Pitt Rivers 1875b：300）。值得注意的是，列维-施特劳斯的结构主义和诺姆·乔姆斯基（Noam Chomsky）的语言学的发展，对于亨利·格拉希等民俗学家和詹姆斯·迪兹（James Deetz）等考古学家产生了相当重要的影响。尤其是格拉希，他发展出了非常详细的、高度语言学化的类比技术，来研究弗吉尼亚乡土建筑的发展（Glassie 1975）。格拉希致力于辨析建筑形式背后潜在的语法能力，继而去描述其随时间而产生的演化和发展。在这些方面，格拉希尤其注重语言学家诺姆·乔姆斯基的研究。思想与建筑都具有类似语言的能力，这些能力来自于相同的认知结构，并且建立了此后所谓的乔治亚秩序❶以及对于建筑形式的世界观，以描述北美成熟的殖民社会（Hicks and Horning 2006）。詹姆斯·迪兹、马克·莱昂内（Mark Leone）等考古学家又进一步发展了这一点，将其应用到多种类型的历史物质文化中（Deetz 1977）。

亨利·格拉希（Henry Glassie 1975）在撰写《弗吉尼亚中部的民居》（Folk Housing in Middle Virginia）一书时观察到："建筑物提供了自身各部分的语境，农场或田地是建筑的语境，社区是田地的语境，景观是社区的语境，行政分区则是景观的语境，以此类推，直到宇宙将其中万物都统一到秩序之中"（Henry Glassie 1975：114）。因此，对建筑

---

❶　乔治亚建筑（Georgian architecture）在英语国家指 18 世纪初期到 19 世纪初期的建筑风格，这种风格 19 世纪晚期在美国复兴，成为殖民复兴建筑的风格。——译者注

形式的分析不仅可以直接解释其容纳的家庭，而且可以更广泛地提供一种批判性的视角，洞悉更大尺度的政治甚至宇宙观的重要意义。不仅如此，在格拉希的框架中，建成形式还把住宅和更广阔的世界联系在一起，又把这一广阔的世界和思想的内在运行联系在一起："抽象语境的结构是内在的、在思想之中，但它把对象同外界的变量结合在一起，例如自然界中的物质，或是造物者群体的期许等等"（Henry Glassie 1975：116）。

基于一种更加深刻的视角来分析这些看起来似乎不太相关的因素，就可以认识到诸如房间布局这类事物的内部变化是如何为文化无意识提供了见证的，这种无意识通过建成形式这一物质媒介构建了更广阔的环境。"人工制品是生态系统中的转换媒介"（Henry Glassie 1975：122），不过在这种转换中，思想比景观更为基本："但是，弗吉尼亚中部的房屋并不会调整自身去适应场地，其类型在空间中得到扩展，但并不考虑地形的特殊性"（Henry Glassie 1975：144）。

整体来说，其关注点主要在于对所观察到的现象世界中的表象进行质疑，而非对森佩尔怀旧性的"挖掘"与"剖析"，以此揭示塑造现象世界的潜在认知结构。其推动力则是涂尔干（Durkheimian），他告诉人们如何从方法论的层面来理解这些集体意识的形式：

我们的方法并没有被复杂化。它首先在现象表面上识别出关系的模式，然后通过寻求其解释去发现内在逻辑的模式。我把这些模式描述为二元对立的调和。当然，这应当归因于克洛德·列维-斯特劳斯之论述的吸引力。然而，尽管把这一方法应用到无意识的文化逻辑上主要是出于他出色的天资，但这作为一种解释方法已经非常悠久和普遍了。它被过去的哲学家和现代的科学家所用，被人类学家、艺术家、博学的教师们所用。把二元设置应用在无意识逻辑的真实结构上看起来可能有些过于简单，但它们实际上也并无坏处，而且它们的确给我们提供了一种严谨的方式，来趋向一个更大的真实——即思想是被系统化地建构出来的（Glassie 1975：160）。

所有这些建成形式都目的论地向更加秩序化、系统化的方向发展，因此最终出现了所谓的乔治亚秩序。这里与我们的讨论更加相关的，是格拉希关于某些思维结构和相关物质形式之间的相互影响的演讲。通过对雕塑家亨利·摩尔（Henry Moore）的释义，格拉希发现"系统化的形式做起来可能并不容易，但是构想起来要相对容易"（Glassie 1975：163），因而就促成了思想的广泛吸收和传播，就像乔治亚秩序那样。

5

此后，马修·约翰逊（Matthew Johnson 1993，1996）研究了英国中世纪之后的建筑形式，它们是格拉希讨论的这些殖民建筑形式的历史先例，其研究建立在结构主义传统的基础上，以一种后过程主义的方式提出了一种语境化的递归过程，来解读建筑形式、文化和行为。约翰逊并没有像格拉希那样把建筑和行为视为静止的结构主义的对象，他提出："意义是多样化的：它由给定文化结构中的个体所产生，个体通过创造性地处理既有的意义，对该结构进行再度商榷和转换，形成新的结合形式"（Matthew Johnsons 1993：31）。

霍德及其学生的工作是与考古学的这一后过程主义转向相联系的，也与考古学中对社会与物质过程之意义复原的研究相联系。他强调过往历史中物质含义的不同形式，以及即时语境的重要性（情境考古学由此而生），而不是去建立普遍性的原则。霍德对于欧洲新石器时代房屋的分析就是一个很好的案例研究。霍德主张，随着新石器时代的发展，聚落变得更加分散，其构成要素从房屋变成了坟墓：

> 在这样更不稳定、更加多变的系统中，房屋和村落并不能成为社区长期的焦点。日常定居相关的实践并未形成长期性社会结构的基础。相反，后者倒是建立在与死亡和祖先崇拜相关的实践上。坟墓，尤其是当它开始被数代人所用时，就可能成为分散的地方群落的"家"（Hodder 1994：77）。

有了这些聚焦于历时性长时段发展的考古学方法，那种把住宅本身作为分析单元的研究就得以——在各个方面——转向去考虑相对次要的住宅实体。这些方法体现了霍德所描述的"如何在非连续性中创造连续性"（Hodder 1994：80），就像坟墓建造在房屋之上，创造了一种空间的紧密性，形成了与早先聚落的联系，尽管它们（坟墓和房屋）的建筑风格就现代人的感受来说是毫不相关的。此外，霍德还把关注力引向了如何通过重新装饰和重叠等行为来体现连续性这个问题。这种实践的连续性就是他所指的住宅的基本原则，它们一直被人们所践行着。另一方面，连续性也可以通过用"屋形"❶ 或者在老房子上重建房屋来达到（Hodder 1994：81）。

霍德提到："房屋和坟墓都与连续性有关，都有类似的仪式来处理其功用的终结。但是，坟墓在面对中断或死亡的时候，还引入了创造重生的新方式"（Hodder 1994：83）。霍德接着又观察到，"被弃用之后，房屋或坟墓就'代表'、指向和体现了该群落久远的祖先世系"（Hodder 1994：84）。因此，坟墓对于管理继承权来说就变得非常重要，自然也就对社区的经济持续性非常重要："社会和经济实际上是在与坟墓相关的事件中被积极地构建出来的"（Hodder 1994：84）。

霍德主张，这些形式对于维系社会秩序和连续性具有积极的作用。但是在他的分析里有一点十分重要，即它们的意义和物质性是可以变化的："在坟墓被封上以后，它们往往就变成环境中的参照点了……如今它们更多地作为过去的参照而具有意义，而不是因为给予人们的直观体验。因此，坟墓这一物质文化的意义可能已经随时间而改变了，从参照性的变成体验性的，又再次变回参照性的"（Hodder 1994：85）。这里需要着重指出的是，这些过程带来了物质呈现方式的转换，也促成了社会生活的不同形式，这一点是非常重要的。

6

后过程主义的方法在很大程度上受到了皮埃尔·布迪厄和安东尼·吉登斯（Anthony Giddens）的研究的影响。通过吉登斯的研究，结构化理论的观念建立起了一套对结构原则更加动态的解读，它强调开放性特征，借此，结构原则可以显而易见地以一种非人为

---

❶　即 tectomorphs，是考古学家 Douglass Bailey 提出的概念。他的解释是，希腊语 "tektone" 意指工匠，"tectonic" 一词则指建造活动，因而衍生出了 "tectomorphic" 这一概念，意指 "house-shaped"。——译者注

的、开放的方式解释建筑形式的发展，而不是以一种确定论的方式。

更重要的是，皮埃尔·布迪厄的研究——尤其是他关于卡拜尔人（Kabyle）房屋的研究——建立了一套理论框架，通过惯习来解读建筑形式——那些"结构性的结构"（Structuring Structure），或者说构建社会与物质生活的潜在机制。它们可以通过与吉登斯的结构化理论相似的方式，形成一种统一的分析框架来描述规律性，且无须回避开放的、非人为的特性，也无须回避非确定性的发展和社会变迁。这两种方法尽管从结构主义方法来说体现出一些区别，但都坚持同一套解读体系，即预设一些潜在的原则来解释文化与建筑形式的规律性和动态性。

在结构主义的觉醒过程中，受到德里达（Jacques Derrida）、福柯（Michel Foucault）和利奥塔（Jean-Francois Lyotard）等人的著作所影响的后结构主义，通过强调个体为给定的文本、物质文化对象以及社会状态的阐释所带来的多样性，以及这些多样性带来的影响，来回应结构主义阐释的僵化刻板，以及对人类行为的下意识化处理。迈克尔·尚克斯（Michael Shanks）和克里斯托弗·蒂利（Christopher Tilley）的研究在其中尤为突出。建筑作为一种核心的分析类型出现，它可以被看作类似于文本，在后结构主义的方法中通过主观解读而产生不同解读下的多样性。

然而，一种对于文本化类比的不满开始产生，尤其是对于诸如克里斯·蒂利（Chris Tilley）（以及其他）等人在现象学启发下进行的研究。于是，文本让位于以身体为焦点的空间的现象学体验，身体对空间以及建筑形式的介入变得更加复杂、也更难被分解开来，不像在语言学以及文本化隐喻中，建筑形式和感官主体之间可以被严格地区分开来。苏珊·普雷斯顿·布利尔（Susan Preston Blier）的研究对于建立起现象学的感受来说尤为重要，正是这种感受使得身体、隐喻和建成形式之间所体现出的关系获得了特殊的地位。她分析中的巴塔马力巴（Batammaliba）结构证明了卡斯腾和休-琼斯（Carsten and Hugh-Jones 1995：43）的观察：深刻地理解身体和建筑之间的区别是非常困难的。巴塔马力巴的例子展示了住宅是如何作为一种多性别的谱系实体而存在的，在其中，男性和女性个体的身体以多种多样的方式被容纳其中——性别仅仅是这个世系在性别化与身体化上的多种生成能力中❶的其中一个"方面"而已（Blier 1987）。

这种对于个体介入建筑形式中的体验性的强调，很大程度上是因为米歇尔·福柯之研究的兴起，以及空间与建筑形式之重要性的提升所造成的影响；后者作为一个学科领域，承袭了马塞尔·莫斯开创的身体技术分析的传统，为知识生产和某些身体类型的研究建立了阵地。尤其是福柯对于治理术与"微观物理学"的强调建立起了一套分析框架，它可以解释物质与身体行为中微小的变化是如何牵连起社会生活更宏观层次的变化的。对于考古学家们来说，这提供了一种理论框架，以此可以考察考古学记录中所显示的小规模的物质变化，当它们被放在历史中进行审视时，就可以更广泛地解释文化变迁的特征。于是，对于空间与建筑的强调又一次提供了可以把种种问题纳入其中进行分析的类型体系。

马克·莱昂内（Mark Leone）在他关于安纳波利斯（Annapolis）的历史考古学研究中，以结构性马克思主义的语言谈论了权力和不平等性在景观中表达的方式，以及通过这

---

❶ 即 generative capacity，语言学家诺姆·乔姆斯基引入的概念，一种语法的弱生成能力指的是它所生成的所有语符（strings），一种语法的强生成能力指的则是它所生成的所有"结构描述"（structural descriptions）。——译者注

种表达得到的物质结果。他描述了马里兰州安纳波利斯的威廉姆·帕卡公园（William Paca Garden），及其对于对称性和景观化的应用、对于自然和视觉的控制。在 18 世纪的安纳波利斯，这些手法以看起来十分自然的方式创造出了空间和视觉上的层次，形成了基于不平等性和权力的清晰秩序（Leone 1984；图 11）。这种对不平等性的粉饰是通过物质呈现方式在视觉上的自然化效果而达到的，这种效果来自于以某种固定的间距对空间进行几何化分割和有序组织而形成的透视图像，它产生了一种视觉效果，使整个景观形成了统一的秩序和连续性。通过这样的方法，18 世纪美国社会特征性的空间和时间层级就被自然化了。这种方式通过印刷手册被广泛传播，并形成了视觉模型，进而通过这种视觉呈现方式在不同的地理与文化环境中形成了一种统一的秩序。因而，靠着这个透视化生成的视觉模型——18 世纪的殖民贸易网络和印刷文化使它变得十分稳定和普及——就可以在景观中创造出一个被共同感知的对象，把既定的社会层级与秩序中的偶发情况自然化，这在英国本土和殖民地都一样。正是这种局部的几何视觉特征的通用性，在迥然不同的广泛语境中维系了关于普遍性和秩序的观念（英国本土和美洲殖民地）。莱昂内的分析指出，这种一般性的形式在某种稳定的物质呈现方式下具有异乎寻常的生产性特征，这在 18 世纪英国殖民主义的政治经济环境下可以形成特定的对于空间和形式的感知与认识。在马克思的思想脉络下，莱昂内进一步指出，对这些形式的盲目迷恋如何掩盖了 18 世纪殖民社会客观内在的社会经济张力，也掩盖了其所固有的不平等性。因此，这些通用形式看似平庸陈腐的特征，实际上是在通过其形式粉饰复杂的不平等性，掩盖那些反对意见。这些通用化的、惯例化的视觉形式构建了对于空间和建筑形式的认知，并通过其自然化效果消解了这些反对意见。

这种对于小尺度物质变化的强调，形成了一种对于经验性的物质特性所具有的特定效应的敏感性，例如空间的通用化特征，以及它们的自然化效力等；近年来，这已经引起了对于通常所谓的事物之物质性的特别关注（参见 Ingold 2007；Miller 2005）。例如，吉布森十分关注功能可见性，也影响了布鲁诺·拉图尔（Bruno Latour）等科学哲学家和艾尔弗雷德·盖尔等艺术人类学家，他们都对事物和形式所具有的特定物质能力及其影响给予了直接关注，他们关注物质在事实上可以做到什么，而不是像早先的语言学分析那样，关注物质可以表达什么。

这种对于实际行动的强调，建立在此前的现象学研究以及对建成形式之体验性本质的研究之上，后者关注物质形式——尤其是建筑形式与物质——通过怎样的方式促进和构成了社会生活的某些形式。在此基础上，一些建立在自马克思以来的物质研究基础上的社会性存在和人格形式，就使得某些生活形式和意识观念在物质上得到实现。

更重要的是，随着遗产跃然成为一种国家资源，成为建立社会与文化之内涵的方式，那些以建筑为基本分析语境的考古学家们就可以应对这些对遗产的需求，通过考古学记录的建构，在提供遗产的对象上发挥积极作用——尤其是这些记录中的建筑：建筑从住宅、从功能性和仪式性的对象变成了遗产的对象，它需要某些形式的保护和相应的技术，继而需要对物质与表面的关注，需要有助于遗产之主张和论述的物质完整性。考古学家们被召唤来构建这些实体，因而比以往任何时候都更加深入地参与到了政治生活之中，而这正是高度曲折化、政治化的建筑所促成的（参见 Skeates，McDavid，and Carman 2012；Meskell 1998，以及 Mark Leone 的研究）。

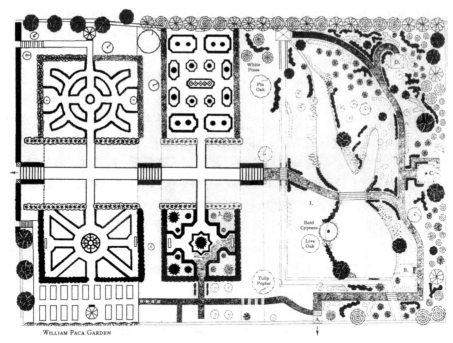

WILLIAM PACA GARDEN

图 11　威廉姆·帕卡公园，安纳波利斯，马里兰。来源：Plan of the restored William Paca Garden by Laurence S. Brigham，ASLA，ca. 1976. © Historic Annapolis.

　　强调建筑形式之体验的现象学方法的兴起，体现了行动性维度的重要意义，这不仅在于性别方面，也在于研究和写作本身进行的过程，以及这些考古学调查是如何被快速地置入到当代政治语境中的。这将会导致考古学更有力地参与到当下或是当代历史之中（参见 Buchli and Lucas 2001；Harrison and Schofield 2010）。考古学是关于在当下创造关系的：对创造考古学对象这项工作表达一种更加民族志式的关注。迈克尔·尚克斯的"三室"项目（Shanks 2004）关注的就是对三个房间的考古学调查：一个房间在古代的科林斯，一个在 20 世纪后期的伦敦东部，还有一个在 19 世纪的威尔士。既有的资料（故事、报告、挖掘报告、相关的工艺品等等）被按照顺序一一罗列。每个条目都和一个抽象的概念相关，例如死亡、身体、文献、记忆，它们相互之间的紧密联系，以及按照这些结构化的抽象概念有序组织起来的经验性资料，为其他形式的叙事提供了内部关联和可能性。作为这一实验性修辞手法的结果，这些叙事可以被同化进其他的知识系统之中，从而对更广泛的当下政治生活结构形成一种介入和干预。

　　伴随着考古学对公共生活更直接的参与，以及向更行动性维度的转向，在建筑考古学的分析空间中同样产生了一种转向。这种基于特定场地、有限时长和有限场所中的行动维度，形成了一套关于知识、社会性和政治诉求的新系统。这就导致了一种即时性的、交互性的知识生产过程的形成，它应用更加体验性、感官性的多样化的知识形式，而不是那些约定俗成的话语及文本形式，因而马上就卷入到了广泛的受众之中。这里，老一辈考古学家的工作意外地被重新搬了出来，特别是皮特·里弗斯的研究。显然，皮特·里弗斯抱有这样的雄心，想要呈现出考古学范围中过去的的物质文化和民族志范围中当下与晚近的物质文化，构建出一个特定的建筑语境，他为 19 世纪伦敦贝思纳尔格林地区（Bethnal Green）的工人群体而建的博物馆就是一个例子。如果考古学的干预针对一处存在于更大社区中的特定景观（场地）而进行，并以非预设的姿态参与到这个社区中、以体现一种新的阐释性实践和政治结构形态，那么就可以发现这种冲动早已存在。就像贝内特（Bennett）指出的那样，皮特·里弗斯非常热切地希望工人群体可以通过两种方式来进行理解，一种是视觉性的话语性方式，另一种是与博物馆中的序列性空间进行交互的体验性方式，借此，贝思纳尔格林地区的空间就以一种体验式的、行动性的方式对单系进化论知识进行了真真切切的实体性编码（参见 Bennett 1995：183，199—201）。知识在这一场所中得到生产，在这一博物馆中得到阐释，而两者都是一个高度复杂的、语境化的、政治化的交互范畴的一部分，在其中，新的社会生活形式之间进行着相互的角力。

7

化石的比喻日益衰微，而后结构主义则冉冉兴起，后者强调引证、体验性行为、占用以及再语境化，这创造了一种比以往更加扩展和广泛的看待建筑形式的新方式，如此一来，建筑就成了一张反复重写的羊皮纸。这一概念提示了行动性的维度，借此，过往的那些体验性实践就在考古学的体验性实践中得到了维系，也即刻在当下获得了行动性，但同时，它们也与过去的考古学记录中的现象学实践相互重叠。正如这些"羊皮纸上的反复重写"的行为所显示的那样［借用文献学家萨拉·狄龙（Sarah Dillons，2007）的新词］，它们通过介入交互创造了一系列新的联系，其真实性并非是基于相互分离的各个元素，而是取决于相互之间基于彼此而形成的关系，而这种关系是开放的，可以被重塑和再写（参见 Dillon 2007）。

杜尚·博里克（Dušan Borić，2002）就史前时期的可维系的记忆如何形成这个主题，探讨了引用性以及在基地这张羊皮纸上的反复重写，并且提供了他的洞见，去了解个体是如何在同样的羊皮纸式的现象学框架中被询唤❶的，进而为史前时期的形式与记忆提供了一种内涵丰富且十分持久的解释。他探讨了中石器时代和新石器时代早期的情况，在其中可以看到霍德的住宅概念，勒盘斯基维尔❷就是一个例子。博里克论述了考古学记录中的引用性问题，然后进一步向考古学家和读者们提到了这种引用性所产生的现象学效应，来为他所见到过的建筑形式提供一种情境式的、阐释性的事实："集体的怀旧行为，通过引用过去留下的物质痕迹，或者通过重复那些根深蒂固的行为和形式来实现"（Borić 2002：48）。他描述了新旧房屋的不断叠加，包括对早先使用方式的"引用"（citation）：原先房屋的炉灶在后来梯形房屋的长方形炉灶中被"引用"、即重新建造。就如博里克所主张的那样，这为勒盘斯基维尔住宅序列的物质性引入了全新的解读维度——即一种对于时间的特定观念。"新的房屋通过部分或全部地覆盖过去的房屋，或者穿过旧的房屋而实体性地'触及'到它们"（Borić，2002：56）。

博里克认为，建筑梯形的形状反映了当地一座著名的山峰的形状，通过这种模仿，场地中的居住者得到了山川的力量："通过遗弃旧的房屋，然后用沿用原有建筑轮廓的新房

---

❶　即 Interpellation，主要出现在法国哲学家 Louis Althusser 的论述中，指意识形态通过社会互动参与主体身份建构的过程。——译者注

❷　即 Lepenski Vir，一个重要的中石器时代聚落遗址，位于塞尔维亚。——译者注

子取代它，这种重演过程被用在了勒盘斯基维尔——这似乎成为一种把通过血缘或'家屋'聚合在一起的个体们进行重新定位的方法，在过去和未来都是如此"（Borić 2002：60）。为什么要这么做呢？博里克的回答是：为了守护——守护祖先们。"因此，一座房屋的建筑部分可以被看作是一个集体性的、与祖先相关的整体的一部分，它体现了在谱系和社会关系上与过去的联系。这些不断累积的传记，让房屋实体变得有血有肉、更加有力"（Borić 2002：61）。他还补充道："而且，过往历史的力量不仅仅体现在伴随左右的传世珍宝上，也体现在这些层层叠压的房屋实体所限定出的防护性场地上。在这一次掩埋之后，这个可能已经使用了一个多世纪、甚至更久的场地最终被整个废弃了。"（Borić 2002：66）

在另一篇类似的文章里，露丝·特林翰（Ruth Tringham 2000）提供了一个很好的例子，来说明建成形式的物质性通过一种长时间维度视角的解读，可以有助于建立连续性并维系记忆；尤其是对于建筑形式某些特定物质特性的敏锐感受，可以促成一种现象学的事实，它关乎反复层叠的羊皮纸所体现出的引用性可以达成的怎样的社会影响。

特林翰分析了欧洲东南部和近东地区新石器时代的房屋形式和聚落——尤其是奥波沃（Opovo），一个位于前南斯拉夫的新石器时代晚期的村落。她特别提到，黏土这种材料被十分普遍地用于诸多事物中，从陶器到家具，当然，建筑也是。

这里很特殊的一点，是"房屋在到达使用寿命的终点时通常会被焚烧"，这"延续到了今天，也被称为焚屋区域（Burned House Horizon）"（Ruth Tringham 2000：116）。特林翰问到，这些房屋为何要用黏土建造，以及为何要被焚烧。她主张一种对于连续性的专门解读，而不仅仅是关注考古学遗址里各种结构的堆积、尽管它们在安纳托利亚语境中是特征性的。相反，她认为黏土是一种难以搬运的材料，但却极具延展性、数量丰富，而且就在脚下、随时可以取用："它可以被做成无数种便携或非便携的人工制品。当黏土经过烧制，它又经过化学转换变成一种坚固的材料……黏土墙很难焚烧，但是一旦经过焚烧，它们也就被永久地保存了下来。"（Ruth Tringham 2000：123）

起先，这些被焚烧的房屋被认为是意外失火或是因为社会矛盾而被人为纵火。但特林翰认定，奥波沃的这些房屋是居住者有意自行焚毁的："有意识的焚烧行为是为了标志户主的死亡，从而象征一个家庭循环周期的终结，实际上就是'杀死'了房子"（Ruth Tringham，2000：123）。她又追随斯特万诺维奇（Stevanović）的观点进一步指出："在高温下烧毁泥笆墙的房屋，使黏土被硬化，这确保了房屋实体及其所在的地点永远都可以被人识别、被人铭记——现代的农民们可以证实这一点！"（Ruth Tringham，2000：124）。正如她进一步指出的：

尽管在景观中并没有明显的标志，但是犁地的农民仍然会意识到这些基地是史前时期的，如果不是更早的话。村民们每日接触这些被烧过的瓦砾、碎陶、石器，按照日常的季节性周期耕作着他们的土地，他们似乎已经把这些地点作为村落社会集体记忆的一部分了（2000：133）。

特林翰提到，当考古学家们被安纳托利亚的那些纪念性的村落遗址激起兴趣时，他们对于当地村民并不感兴趣，因为这些村民并不直接参与他们的任何工作。然而特林翰认为，在这种焚烧、保存、滋养土地、留存记忆的循环中，所有东西最终消退成了一系列不断涌现出来的、层层叠叠地书写着过去历史的羊皮纸，这形成了一种关于物质的地方性知识，农民们对于他们所耕作的场地中史前历史的深刻意识就是一个很好的例证。在随时间变迁的过程中，存在着一种物质性的节奏，人们通过犁地不断地接触到这些遗存，从而形成一种持续的记忆，这种记忆至少对当地居住者来说，是不同于那些纪念性的村落遗址的。特林翰指出，当他们在奥波沃进行挖掘时，村民们对此颇有兴趣。这些地点对他们来说并不是作为"他者"的一些土堆，并不是他们与"过去"之间的联系，而是村民们持久的记忆中的一部分，这些记忆被一代代地诉说和传承下来，成为他们整个村庄的经历的一部分（Ruth Tringham，2000：134）。

更晚近一些的考古学方法非常积极地关注基地中的物质性。这其中包括现象学的参与，它不仅可以得到关于物质本质的谨慎事实，来维系当下的关系和社会参与——例如博里克提到的梯形建筑形式，或者特林翰所描述的黏土的功能可见性——而且更重要的是，它成为一种直接参与当下的方式，就像那些农民的例子显示的那样，他们对于日常生活中的过往历史非常熟悉。在英国，加布里埃尔·莫申斯加（Gabriel Moshenska，2008）对第二次世界大战的考古学研究则处在一个更具当代性的语境中，例如孩童们收集的弹片，这些弹片遍布在被轰炸过的废墟上，体现了其高度碎片化的特点：散布各处，没有标志；从遗产的视角来看，它们并没有文化辨识度，但从关注战争的业余收藏者和孩童们的角度来看却非常引人注目。弹片被作为纪念物而收藏，因而成为对第二次世界大战之历史及战争中曾经充满矛盾冲突的场地的一种特定介入，形成了一种个人的、非官方的历史。而这一点必须通过这些平凡的弹片所提供的物质性介入才能达到，别无他法，这样的方法后来就成了考古学的一个焦点，以此来形成新的共同体与历史知识。

考古学对于建筑形式之历时性的关注，揭示出了业已形成的分析领域的局限性，这些领域完全可以得到扩展、变得更富意义。对于历时性的关注使建筑形式的重复性维度进入了人们的视野，而这只有在一种长时间维度的视角下才可能发生。正如艾尔弗雷德·盖尔（Alfred Gell，1998）在《艺术与能动性》（Art and Agency）一书中所总结的，毛利人（Maori）在形式上不断变化重复的会议厅就是这类分析的相关对象，这栋房屋在不同时期中持续地重复、扩展和结合它所构成的更高等级的集体（参见引言中的图 1）。常见的民族志"快照"——实际上也就是一张照片，记录的只是对象历时形成过程中的一个瞬间，而它并非仅仅是所呈现出来的静止的建筑形式而已。正如我们在后续章节中将会看到的那样，建筑形式——里维埃（Rivière 1995）用康德哲学的用词这样阐述——几乎就像是对于更高、更朦胧的（从个体观察的立场而言）本体表达的一种现象表征。住宅一旦从其生存现实的特征性扩展中被分离出来，其意义在我们基于经验的常识性理解中就显得暗淡无光了。这种在时间和空间中不断重复和扩展的过程是开放的、不定期的，这一点非常重要，这样一来，建筑的印迹——根据经验给定的住宅本身的形式——相对来说就没那么重要了。

在另一条脉络中，道格拉斯·贝利（Douglass Bailey 2005）讨论了建筑形式非历时性的，而是共时性的扩展，以及建筑形式在史前时期的景观中作为一种确立在场的方式而具有的交互性效力。贝利有意回避了传统的阐释性视角，代而提出了一种经验性的方法，这种方法起源于 20 世纪 60 年代现代雕塑中一系列关于极少主义的分析［唐纳德·贾德（Donald Judd）、卡尔·安德烈（Carl Andre）、罗伯特·莫里斯（Robert Morris）等人］。他十分倡导这一系列分析中基于环境扩展性的现象学经验。根据贝利的说法，欧洲东南部和中部的新石器时代景观，其主要特征是由几乎完全相同的房屋所构成的一系列景象。他所强调的并非是某栋特定的房屋本身，并非房屋集聚形成的社区或村落，也不是其意义或结构，而是这些景观更通用化的、可扩展的、可重复的特性——在景观中延伸、在时间中延伸——这是理解新石器时代房屋的关键。这种通用化的序列将人们安置在空间和时间之中："在景观环境中长长的村落序列里，它仅仅是其中的一个，位于河谷之上，在区域中展开，穿越了数百年甚至数千年的时光"（Bailey 2005：96）。这种通用性和序列化的重复性对于跨越时间和空间的景观之体验而言是非常重要的物质特性，这种体验十分外化，而不像在一些传统的解释中那样是内化的。

考古学和经验性事实的互动仅仅确认了这样一个事实：鉴于住宅建筑空间在历史中的多重交互，离散的建筑形式相对来说意义并不那么重要——这也是贝利在解读新石器时代住宅的"意义"时所遭到的挫败。在这里，考古学通过对时间深度和物质性经验事实的双重关注，展现出了对于理解建筑空间之运转来说十分重要的那些尺度（例如盖尔对于毛利人会议厅的历时性解读就是很好的例子）。这些不同的时间尺度与如何理解建筑空间的物质性密切相关。正如巴克-莫尔斯（Buck-Morss 2002）所说，资产阶级的国家空间和马克思主义的空间，其尺度是十分不同的，与此对应的是十分不同的物质特性与政治语境。

早先那些基于建成形式的分析建立了一个比较性的框架，以此形成了人类心理的一致性，而今日的国族建设之大业则关注乡土研究，这其中，考古学——尤其是历史考古学——可谓与之同气连枝。考古学把这些高度视觉化的、强有力的物质形式展现在人们面前，这些形式可以证实它们所构成的政治聚落，也可以说明情况可能并非如此。对于莱昂内而言，哈贝马斯（Habermas）的研究启发了这些对于建筑形式的调查，从而在一种"理想的语境中"创造了可供对话讨论、彼此调和的平台，使得人们可以就存有争议的历史、就充满冲突和被边缘化的族群进行交流。因此，这种聚焦于建筑形式的、行动性的、基于社区的考古学工作，通过对边缘、断裂、差异的关注，扩展了对于人类的解读，这种方式与19世纪人为合成式的研究迥然不同。不过，19世纪那些人类心理一致性的信徒们提取出了建成环境中的一些特征来论证这种一致性，近期的一些实践者们也在通过融合差异与他性、进行批判性的扩展，来完善这种一致性。边缘化的、非主流的例子被分离出来，试图寻找它们与普遍人性之间的关系，并将其纳入扩展范围之中。通过近期的这些行动性转向，考古学研究不断地挑战着建筑形式主流和非主流之间的界限——这证实了哲学家朱迪思·巴特勒（Judith Butlers，2000）的主张，即对于普遍性之边界的不断扩展是一个无穷无尽的过程。从这个意义上讲，考古学技巧中常常被提及的解构性特质，此时却相反地发挥了建构性作用，更确切地说，是重构而非建构。但是，在参与对重构的推定性虚构的同时，新的情境又在明确的非虚构条件下被建构出来，在其中，社区被建造、被消解、被扩展，也被用于居住。

8

这些主题出现在考古学家芭芭拉·本德尔（Barbara Bender，1998）的研究中，她在考古学中提出了建成形式内在的竞争性本质——尤其是巨石阵这样的原型式建筑纪念物（图12）。她的研究不仅为这个英国史前时期的标志性纪念物和遗产提供了一种考古学的解释，也给出了其产生形成的谱系。她描述了巨石阵在不同时期的状态，以及这个纪念物所拥有的各不相同的竞争性的历史、意义和附属物。更重要的是，她论述了对这一形式之不同信奉的冲突，论述了它们在不同时期形成的各种各样的物质呈现方式。就像其他的后结构主义方法一样，本德尔在分析中对于和场地有关的阐释与含义的多样性十分敏感，不过出于一个考古学家的经验主义偏好，她的分析也十分关注使内在含义得以在不同时期、不同人群中得到表达的物质性方式。在很长的一段时间里，这些巨石都以一种在现代人看来非常矛盾的方式而存在：一方面，这些石头本身的形式无疑是非纪念性的，但由于其本身的耐久性，又往往被赋予纪念性。在一些时期，例如埃夫伯里这样类似的场所，其遗存被认为仅仅是石头而已，在基督徒看来，这些异教徒的实践活动的遗存，其价值几何令人存疑，因此还不如把它当作建造材料处理，用在新的建筑中。直到现代初期，巨石阵才被认为是一处纪念物，被作为一处极其重要的国家遗产、按照其路径有序地排列起来。接着，本德尔描述了巨石阵是如何成为一处纪念物的，并且给出了在不同群体的观点主张下，它可能具有的多种不同的物质呈现方式。1985 年的比恩菲尔德冲突[1]就集中体现了这一点，不同人群的主张可以相去甚远，继而在这些不同主张下、以迥然不同的物质呈现方式构建这一场地。德鲁伊教徒[2]与新时代旅行者所强调的，是将巨石阵作为一处纪念物的重要性，在此与场地之间进行亲密的涉身性互动，但撒切尔时代的遗产官员们所寻求的则是"保护"这一场地免遭这些身体接触行为所造成的摧残和破坏，两者是相互矛盾的。最终，国家信托（National Trust）和英格兰遗产（English Heritage）保护了巨石阵，限制了与该场地直接的涉身性互动，将其变成了一个高度受控、可以观赏但不可接触的场所。

埃莱安娜·雅洛瑞（EleanaYalouri 2001）用和本德尔相似的方式论述了另一个标志性的纪念建筑雅典卫城，以及它多样的物质性；它从非基督教时期的石构遗存到被用于基督教用途，再到被奥斯曼军队用作军火库，之后又在 1687 年被威尼斯人炸毁（图 13）。在 18 世纪晚期，伴随着古典研究的兴起和对欧洲古典时期遗产的普遍维护，卫城成为 18 世纪欧洲北部中心地区古典传统复兴过程中一个卓越的建筑案例，随后一个极富争议的事件就是埃尔金伯爵（Lord Elgin）从帕提农神庙等卫城建筑上带走了一批大理石雕像。正如雅洛瑞所说，只有希腊的民族主义兴起，卫城才会成为国族建筑的焦点，民族国家的概念和卫城都与国族的范畴十分相关——有些时候，人们认为这个范畴遭到了侵犯而支离分散（就像帕提农的大理石雕像），亟须重新构建以巩固民族国家本身（Yalouri 2001）。关于这个场地有诸多互不相同的呈现方式之假定，从一堆毫无意义的石头，到国族的体现，到因为大理石雕塑被盗而支离分散的民族的体现，再到一系列以图像、模型和其他物质形式呈现的纷繁复杂的视觉表达，用以在极其不同的时间尺度、空间、媒介和物质呈现方式中巩固希腊性、民族认同和国家地位。最终，帕提农的大理石以一种带有极度离散张力的状态而存在（参照盖尔的论述），而伯纳德·屈米（Bernard Tschumi）所设计的新卫城博物馆则被安置在卫城一侧的山下，"等待"着这些大理石的重归。卫城内在的矛盾本质，包括

---

[1] 即 Battle of the Beanfield，1985 年社会群体 Peace Convoy 在巨石阵进行群体性活动，遭到警方阻止，形成了一起冲突事件。事件造成了双方人员受伤，也对巨石阵的考古信息造成了破坏。——译者注

[2] 即 Druids，古代不列颠群岛凯尔特人中的一个群体，知识水平较高；18、19 世纪凯尔特复兴后，又出现了新德鲁伊主义、德鲁伊教，但很多内容实际上是当代的构想。——译者注

图 12　巨石阵。来源：Guylaycock，Dreamstime.com。

维度、媒介、呈现方式的多重性，尽管繁杂而冲突，但绝非过度武断，以至于形成难以调和、无法克制的物质性——这就是这些矛盾冲突的信奉所形成的最终效果。

图 13　卫城。来源：The Mary Evans Picture Library。

9

在长时间尺度下进行的考古学研究揭示了物质呈现方式的不同特质，以及它们是如何随时间发生变化的，还有这些呈现方式所促成的建筑形式和不同的社会工程。这些形式研究以视觉主义者关于观察和记录的观念体系为基础，形成了一种比较性的学科方法，以建立起一种一致性，诸如 19 世纪的人类心理一致性，或是一致论者们对 20 世纪发展进程的热切期待等等。随着研究范式从基于化石的比喻转向反复重写的羊皮纸，这种行动性的、体验性的、随时间不断变换的物质呈现方式开始出现在考古学研究的记录之中。因此，用霍德的话说，把某一形式对象看作是经验性的还是参照性的，会形成两种截然不同的物质呈现方式，随时间流逝、呈现方式不同而造成彼此迥异的社会影响。类似地，某一既定形式对象的呈现方式也预示了人们会如何去理解建成形式的相关意义——就像贝利的研究中所说的，建成形式具有可替换、可重复的一般性特征——预示了这种呈现方式会如何淡化某些经验性特质的重要性，而后者在另一个语境中可能是至关紧要的，就像在传统的乡土研究方法或遗产研究方法中那样。建成形式本身比起它通用化、序列性、可重复的特质来说，习惯上可能被认为是相对无关紧要的。在下一章中，社会人类学的诸多建筑研究的案例将会对抗传统的乡土研究与遗产研究的观念，进一步地洞悉这些看起来无足轻重的物质形式的社会生产力，并揭示这些形式所形成的社会关系，同时追随斯特拉森，关注建成形式调节其"生产性物资"（generative substances）的诸多方式及其流变。

第3章 社会人类学与列维-斯特劳斯的家屋社会

1

伴随着克劳德·列维-斯特劳斯的研究所产生的影响，建筑通过他的"家屋社会"概念，在对人类社会的解读中重新获得了中心地位。本章将会考察列维-斯特劳斯的贡献，考察他的研究如何使人类学探究的方向转向了建筑，以及因此而引起的各种回应与创新。本章尤其会重点论述一些特定的、紧要的物质特性，比如可分、通用、静止和逆转，以及这些概念在列维-斯特劳斯的家屋社会概念中如何与房屋的过程性本质相联系。

说到人类学对于建筑形式的分析，其中最重要的概念可能就是列维-斯特劳斯的家屋社会（société à maison）了。它对于人类学家和考古学家如何解读住宅、如何解读建筑形式在人类社会再生产中所扮演的角色造成了深远的影响（参见 Carsten and Hugh-Jones 1995；Joyce and Gillespie 2000）。列维-斯特劳斯对于家屋社会的解读最初来源于把家屋看作制度这样一种观念，这种观念在中世纪欧洲和太平洋西北海岸的文化中都可以看到。正如列维-斯特劳斯所说，家屋最初是一个"道德主体，它持有一处由物质和非物质的财富所构成的产业，通过依照某条真实的或是想象的脉络传承其名称而延续下来，这种延续性只要能以亲属或姻亲关系表现出来（通常两者都有），它就被认为是合理的"（引自列维-斯特劳斯，Carsten and Hugh-Jones 1995：6-7）。

这一理论做出了诸多贡献，例如家屋成了道德人格集合性的外化形式，荣誉、正直、持久性这些观念都归因于它；但它最关键的贡献是指出了家屋社会在社会关系再生产中的"过程性"本质（Carsten and Hugh-Jones 1995：36），就像卡斯腾和休-琼斯所说的："家屋铆定了一个不稳定的联盟，超越了娶妻者和予妻者、血缘与姻亲间外化的对立，它是一种制度，是不稳定的姻亲关系的虚幻物化，使其更为稳固"（Carsten and Hugh-Jones 1995：8，斜体字部分）。这种"虚幻的物化"发挥着关键性的逆转作用："家屋通过'合二为一'完成了一种由内而外的拓扑翻转，用外部的统一性取代了内部的二元性"（Lévi-Strauss 1982：184—185），它逆转了女性和男性、"娶妻者和予妻者"之间既有的矛盾，以及他们之间各自冲突的观念。像这样，家屋社会的制度完成了一系列关键性的逆转，它们对于生产和维护社会关系、从而向未来发展是十分必要的［布迪厄在讨论卡拜尔人房屋的逆转时，对这一点做了进一步发展（Bourdieu 1977，1990）］。在这些方面，家屋虚幻性的本质非常接近阿尔都塞"物质意识形态"的概念，即不仅把意识形态看作现实的一种表述——或者更准确地说，一种失实的表述——还把它看作一种用于理解、产生既定事实的实际方法，是人类关系的构成部分。

于是，家屋作为一种虚幻的物化，成为缓解社会再生产之压力的一种途径（Carsten and Hugh-Jones 1995：8）。当两个具有不同利益的群体通过婚姻联结在一起、共同繁衍时

(Janowski，1995：85)，正是这种"虚幻的物化"使得家庭这一联合体可以在其范围之内完成再生产。因此，家屋本质上是一种解决问题的实体［如 Gibson（1995：129）所说］，它通过制度、实践、更重要的是，通过其物质性语境来解决问题，就此我们将进一步进行讨论。房屋就很多方面来说是一种拜物（Carsten and Hugh-Jones 1995：8），但却是一种非常必要的、生产性的拜物和对关系的误读，以形成一系列新的关系，保障其随时间不断延续。更重要的是，考古学家们认定，正是时间要素使得这一概念对于考古学和社会人类学都影响深远（参见 Joyce and Gillespie 2000）。列维-斯特劳斯指出，"若想要认知家屋，民族学家们就有必要关注历史"（被引于 Carsten and Hugh-Jones 1995：6）。因此，记忆和历史就成为研究家屋的重要途径，就像家屋也能度量记忆一样，那本质上就是家族世系的记忆——亲属关系正是通过它而形成的。

但是，把家屋当作"虚幻的物化"这一观念不仅仅只是一种象征（正如卡斯腾和休-琼斯在提及 Fox 时所说；Carsten and Hugh-Jones 1995：22）。在所有制度中——就建成形式而言的物质性制度以及就道德规则而言的非物质性制度——房屋并不是这些关系的象征，而是真真切切地通过物质性和非物质性的方式造就了它们，此处要论述的案例研究以及阿尔都塞的"物质意识形态"概念都显示出了这一点。这是一件持续性的事情，在物质性和非物质性经验的不同呈现方式之间运作、维护和革新，来推进人类关系的维系和再生产、使其向未来发展。就像卡斯腾和休-琼斯在讨论房屋和亲属关系之间的联系时所声称的那样："亲属关系有几个不同的来源。它不仅仅只意味着一起睡觉，还包括一起生活、一起吃饭、一起死去，它不仅仅只与床有关，还和房屋、炉灶和坟墓有关，而坟墓有时候正是房屋本身的纪念性本质"（Carsten and Hugh-Jones 1995：19）。

对于人类学和考古学对建筑形式的解读而言，列维-斯特劳斯的结构主义具有极其重要的意义，这在亨利·格拉希和前述那些结构主义者的研究中都可以看出来。在英国社会人类学界，卡罗琳·汉弗莱（Caroline Humphrey，1974）那篇简短却颇具影响的关于蒙古包的文章提供了一种简洁的结构主义方法，来分析蒙古人室内空间的使用方式，描述了前社会主义和社会主义时期对于空间的结构性使用，以及社会主义工业化社会对于构成蒙古人室内空间的物质元素及其认知之变迁的影响。更广泛地说，汉弗莱的研究预示出了在人类学中日益增长的对于建筑形式的再次关注（Humphrey 1988 in Carsten and Hugh-Jones 1995：3），而这种关注真正的开始则是伴随着《关于房屋》（About the House）一书的出版。此书由卡斯腾和休-琼斯（Janet Carsten and Stephen Hugh-Jones 1995）编辑，在那之前进行了一次工作坊，内容是关于列维-斯特劳斯的家屋社会概念，以及建筑对于人类社会研究的重要性；在人类学的广阔视野之下，这种重要性正逐渐显现出来。

在卡斯腾和休-琼斯看来，列维-斯特劳斯的关键贡献是重新认识到了本土类型的重要性（Carsten and Hugh-Jones 1995：20）。如果人们通过家屋来进行思考，那么家屋就变得非常重要了，在大多数社会中，它提供了跨文化分析的可能性。卡斯腾和休-琼斯提到，列维-斯特劳斯的家屋社会概念就这样宣告了人类学探究的关键基础。作为一种概念和隐喻，它具备一种可译性，使其得以成为比较性研究的绝佳语境，讨论社会关系如何被再生产，以及建筑形式在这个再生产过程中扮演了怎样的角色。值得注意的是，正是由于其流动的、过程性的特征，建筑形式被视为一个短暂存在的语境，家屋在其中实现它的职能；更重要的是，家屋这个"虚幻的物化"不仅控制着遮蔽所、食物这些基本事物，还控制着社会与人口再生产所依赖的各种物质性和非物质性事物。这一点在卡斯腾和休-琼斯的观察中尤为明显，他们发现要把身体和房屋区分开来非常困难："因为身体和房屋都构成了最为亲密的日常环境，并且常常作为彼此的类比，有时候甚至分不清到底谁是谁的隐喻——房屋是身体的隐喻，还是身体是房屋的隐喻"（Carsten and Hugh-Jones 1995：43）。

对于身体和建成形式之间的互动关系的这种强调，其关注点聚焦于一个重要的问题，即家屋如何控制各类或普通或重要的物质资料，从稻米和种子之类的食物，到人口再生产过程中其他重要的东西。家屋通过其物质形式和实践活动来控制这些物资，但这些形式及其物质呈现方式常常会改变和转换，从而在不同的情况下促进社会与人口的再生产。不过，需要预先着重指出的是这类分析具有重要的意义。对于家屋及其作用的意识，仅在关键性时刻才会显现出来，或者如同卡斯腾和休-琼斯说的那样，在特殊的情况下——搬家、战争、火灾、家庭争吵、失业或是经济窘迫之时（Carsten and Hugh-Jones 1995：4）。更广泛地说，就像海德格尔（Heidegger，1993）所定义的那样，对居所的分析性比喻就是关键性时刻的标志，因为"居所"一旦产生，它就会"像家屋那样"发挥功能。从列维-斯特劳斯提出的这一方面来说，协调这些内在的矛盾冲突可以形成更好的社会关系再生产、向未来发展。至于对于家屋更广泛的论述，则是探讨如何在不断变化的可能情况中实现居住。就这一方面而言，家屋就是这些矛盾冲突集中和聚焦的地方，也是通过家屋制度的整合性运作使它们得以调解和消弭的地方（Carsten and Hugh-Jones 1995）。因此，就像海德格尔指出的那样，我们必须不断地去学习如何居住。正如卡斯腾和休-琼斯所说，由于居所是社会生活得以进行的基本环境，因此也是人类学研究的核心。下面这些案例研究将会凸显出这个过程的动态性，以及建成形式之物质性的重要性，它通过各种各样的呈现形式，促进了人类社会生活的再生产。

2

珍妮特·卡斯腾（Janet Carstens 1995）对于兰卡威房屋的讨论就说明了，对立利益方的决议是如何因为兰卡威岛（Lang kawi）马来人房屋的物质性而得到和解的。在她的讨论中，有两条原则非常重要：一条是共生原则，以及亲属关系通过共存而形成的方式；另一条是房屋形式的可移动性，以应对亲属关系的产生，它对于旁系关系的重视要甚于直系关系。

卡斯腾非常用心地指出，兰卡威的那些房屋比起其他印度尼西亚的房屋来说是多么寻常无奇："这里的象征主义看起来出人意料地平淡，建筑普普通通，各个单元本身是临时性、可移动的"（Carsten 1995：107）。这些建筑形式是高度灵活可变的，那些寻常无奇的特质让建筑可以很容易地被扩建或移动。实际上，这些寻常的、可交换的、通用性的特质正是其建筑生产性力量的核心。在这些房屋建构兰卡威社会的物质过程中，可变性恰恰处于核心地位。卡斯腾提到，人们几乎不进行新的建设，只是对已有的房屋进行加建、重建以及整体性搬迁，"给人形成了一种村子一直在不断搞建设的印象"（Carsten 1995：107）。这种可变性和流动性是亲属关系生产的一部分——这些关系在一个区域中不断地形成、调整、扩大、增强；区域中强调的是基于同胞手足的旁系关系，而不是直系血亲关系，因此形成了完全不同的物质性以及物质呈现方式。对于同胞关系的强调是表达亲属关系的基本途径，它强调旁系关系甚于其他，因此十分灵活，可以形成更加微弱的横向联系。夫妻就被归入这一体系中，他们理应以同胞之名称呼对方；类似的，远亲关系也通过上几代人的同胞关系来解读，非亲属也可以被整合到这一同胞关系的体系中去（Carsten 1995：115）。卡斯腾提到（Carsten 1995：116），人们认为孩子降生时都伴随着一个象征性的同胞兄弟，后者以胎盘的形式降生，因此胎盘通常会由父亲埋葬在房屋附近。这种同胞的构建把人们锚固在了房屋之中，与之融为一体。

如同卡斯腾所说，真正生理上的同胞和姻亲之间会遇到问题，可能产生矛盾，因此需要把他们分离开来。但待到孩子降生，这个问题就不那么严重了。随着孩子，尤其是孙辈的降生，任何因为同胞和姻亲的对立而可能产生的矛盾都在孙辈诞生之时消弭了，因为孙辈象征性的同胞配对成为最重要的关系（Carsten 1995：119）。同胞关系被认为是与房屋共存的，因此共享食物和物质资料这样的共生共栖也会形成亲属关系，并融合到旁系体系中去。作为姻亲的女性通过性和其他共生物质资料的共享融入其中。性关系是通过烹调和一起吃饭来描述解读的❶（Carsten 1995：120）。于是借着孙辈这个由头，更广泛的社区和社会交往就建立起来了："正是这些孙辈们体现出了两个方向的转换过程的高潮：一是一旦房屋中开始烹调，姻亲关系就产生了；二是当家庭血亲关系转化为共享的姻亲，它就在大社区中消解了"（Carsten 1995：121）。分享至关重要的、赖以维生的物质资料这样一个过程，在同胞原则上形成了亲属关系，再之后就可以通过姻亲的加入、社区性的盛宴，尤其是婚礼仪式在旁系上不断扩展，这种关系的扩展通常都是沿着虚构的同胞脉络在旁系上进行的（Carsten 1995：121）。恰恰是房屋形式相对单调这一特点及其高度的延展性、可移动性，才在旁系同胞关系的原则之上形成了这种广而弱的社群形式。因此，"房屋通常是可移动的、临时性的结构，旁系的延续性才是真正重要的。当新房子被建立起来时，场地、邻里和村落的扩张也得到了确认，这个过程是物质化的"（Carsten 1995：126）。

在卡斯腾和休-琼斯主编的书中，里维埃（Rivière 1995）在讨论中甚至主张要对建筑形式与物质材料的"无足轻重"和非物质性更加强调。他在对南美洲说加勒比语的"圭亚那（Guiana）"族群中也库阿那人（the ye'cuana）的研究就讨论了这一点，即住宅的物质实体对于其产生的非物质语境来说是无关紧要的。更确切地说，在这个语境中，真正持久的住宅指的是传说中当地的文化英雄瓦纳蒂（Wanadi）所建造的第一座房屋，他建造了这座房屋，创造了也库阿那人。这座神话中的房屋是可见的，其形式就是也库阿那人家园中心的圆锥形山峰。住宅本身是对宇宙的表达，海洋和土地表现在其空间中，圆锥形屋顶的上下两部分用不同的茅草覆盖区分开来、示意天空。横向的屋梁代表银河，其他的梁则代表"天空上的树"（sky trees）（Rivière 1995：194—195）。根据里维埃引用的威尔伯特的论述，上空的天窗被认为是一种天文装置，让住宅成为一部天文日历。不过，里维埃很用心地指出，每一座短暂存在的可见的房屋，包括由文化英雄所建造、如今由圆锥形山峰来体现的那座神话中的房屋，都有另一个持久的、不可见的孪生体："如果确实如此，那就说明可见的房屋转瞬即逝的存在对于社会的延续性来说远不如其不可见的孪生体来得更为重要"（Rivière 1995：201）。

---

❶　卡斯腾在文中提到，一旦一对夫妻产生了性关系，他们就被描述成"烹调过了"（cooked），反过来，夫妻一起吃饭也意味着他们之间有性关系。——译者注

里维埃提到，该区域的聚落存在时间很短，通常是 6 年，最多不超过 10 年。根据里维埃的说法，这可以通过当地资源的枯竭来解释。如他所说，人们可能会在茅草屋顶腐烂或重铺屋顶时把屋梁拆开、重装。但是整座房屋的重建通常会在另一个地方进行。里维埃提到，弃用聚落的一个常见原因就是不幸的事件——孩童的死亡或是疾病，更典型的则是村落首领的去世。当一个首领去世时，他的房屋也随之死亡，于是整个村子便被废弃，因为村子是直接与村落首领这个重要人物密切地联系在一起的（Rivière 1995：197—198）。

就像里维埃用康德哲学的语言所解释的那样，"可见的房屋"（visible house）"不过是本体世界中转瞬即逝的现象而已"（Rivière 1995：202）。"在可见的世界里，聚落在空间和时间上都是不连续的，在某种意义上，它们依赖于一种不可见的现实。聚落是可见的，但它们只是这种不可见的连续性所形成的短暂迹象罢了"（Rivière 1995：202）。按照人类学分析的传统要求，根据经验建构而成、清晰可见的住宅的物质形式通常会得到最多的强调，而与此不同的是，在里维埃这里，经验性的、静止的住宅形式是无关紧要的；真正重要的是在建成环境中发生的行为，通过这些行为，社群的资源每 6 年左右就会得到重新整理，然后通过对他们的住宅定期进行或可被称为有意识破坏的行为——从另一种经验论的视角来看——得到复兴。正因为这种"过程性"的特质，对于物质形式的操作就形成了也库阿那人的社会关系以及他们的起源神话。正如卡斯腾和休-琼斯对这些"过程"的主张："这也是在强调，这些建筑的过程通过各种各样的方式和其居住者生活中的重要事件与过程共同发生，建筑与居住者紧密地联系在一起"（Carsten and Hugh-Jones 1995：39）。活动就是关系，两者是不可分离的。

在社会人类学的家屋社会范式中，另一个例子来自于莫里斯·布洛克（Maurice Bloch）和他关于马达加斯加的马尔加什人（Malagasy）的房屋建筑与木雕的讨论。在这个例子中，若以欧美的意识观念来看，房屋形式和物质性由于其耐久性和材料的精致性形成了更易识别的纪念性。布洛克提到（Bloch 1995a：77），在这里，一对夫妻只有在生下一定数量的孩子后才会建起一个得体的、永久性的家。直到这个时候，这段关系才被认为根基稳固，也形成了持久的物质形式。布洛克提到，年轻人的性关系被认为是飘忽不定、短暂无常的；直到随着时间的推移，他们成功地生下一定数量的孩子，逐步建造起了坚固的住宅，他们的关系才算持久。第一座建造的房屋相对是不太坚固的。然而假以时日，各个建筑构件会被不断地加强和巩固，以适应持久稳固的配偶关系。据布洛克所说，马尔加什人把这个过程称为住宅得到了其"骨骼"（Bloch 1995b：78）。而那些精心挑选的硬木上的精美雕刻，最初曾令这位民族志学家困惑不已，他认为这些木雕是具有内在含义的，但实际上，它们并没有表达任何意义。语言学的类比令这位民族志学家十分失望。就像报道人告诉他的那样，这些雕刻是为了"表达木材的尊贵"（参见 Bloch 1995a：214）。硬木雕刻起来是很困难的，使用硬木这一行为本身就形成和表达了这对夫妻和他们的扩展家庭在这座房屋里居住了多年、其关系"坚不可摧"的含义。通过这些雕刻行为，配偶关系和这座房屋——作为一个独立的、不可分割的实体——坚固、持久的特性就形成了。随着时间流逝，当最初建造房屋的那对夫妻去世后，他们的后代也同样根据这些原则去建造其他房屋。但最早那对夫妇建造的第一座房屋就成了社区里这一支世系的"圣屋"，它标示着这支世系历经时间的不断延续。始祖们真真切切地把他们的生产性力量转移到了持久的建筑形式上，同时也传递给他们的子孙后裔，这既是代际延续性和建筑形式之延续性的表达，也是其产生的途径。布洛克（Bloch 1995b：70）非常深刻地描述了 20 世纪 40 年代后期，带着复仇任务的法国殖民军队如何烧毁了这些房子；这一破坏行为带来的巨大痛楚要远远超过失去遮蔽所的伤痛。血脉世系本身连同它源远流长的遗产和始祖先辈的祝福都被摧毁了——这种破坏行为更像是一场谋杀，因为这种家屋社会的体现形式就意味着其中存在着更高的"道德人格"。这可谓是对城市的一种谋杀，尽管这一概念在 20 世纪后期的现代战争中才出现（参见 Coward 2009）。

3

关于建筑形式特定的物质呈现方式，赫利维尔（Helliwell 1992，1996）以婆罗洲的达雅克长屋（Dayak longhouse）为例，在东南亚语境下进行了详细的讨论。达雅克长屋包含多户家庭；赫利维尔的研究关注了两座长屋，分别有 14 个和 9 个单元，而其他的大部分家庭（8 个和 3 个）则分开居住在单独的家庭住宅中，后者更受年轻的家庭青睐（Helliwell 1992）。在这个较为传统的布局中，赫利维尔描述了多个家庭如何沿着长屋纵向的其中一侧居住在分隔开的单元之中，另一侧则是不分隔的区域，人们可以来回穿行、参与各类活动，而不需要得到长屋另一侧那户家庭的许可。她提到，这种布局所形成的并非"私人和公共"的区别，而是"我们与他者"、内部和外部的区别，外部世界的元素，例如穆斯林马来人，是和长屋中不分隔的区域联系在一起的（Helliwell，1992：182）。赫利维尔并不赞同主流的假设，她不认为长屋内部分隔中的家庭是高度独立、完全相互分开的。相反地，她十分关注建筑形式具体的物质特性，以此来描述达雅克/马来人以及个体家庭/更广泛的社区中的关系是如何形成、并在张力中得到维系的，这呼应了吉布森提出的原则，即家屋社会是解决问题的实体（Gibson 1995）。她讨论了这些分隔的物质性以及它们借以运作的具体知觉形式，从有限的经验主义的理解来看，这些个体家庭相互之间的分隔看起来可能是非常严格的，但在她的讨论中却变得更加复杂和微妙。身体的物理性移动看起来被这些分隔所限制，但赫利维尔指出（Helliwell 1992：138—139），声音和光线可以渗透过这些空间，形成一种非常特定的、具有物质化体现的社会交往，它可以调和其中的社会关系以及——有时候——它们之间相互矛盾的需求。赫利维尔提到了声音如何传递、如何被偶然听到，从而促使个体在听觉上意识到自己在长屋里是处于集体生活中，其他家庭也同样在场并发生活动，并非全然隔离。她举了一个夫妻俩发生肢体争执的例子（Helliwell 1992：188），他们提高了声音，喊来住在长屋里的其他成员介入其中。类似地，家庭中火塘的光芒也在说明这个独立单元中有家庭居住，居住者们一切安好（Helliwell 1992：185）。这种可以穿透光线、传递声音的薄弱分隔，真切地形成了一种集体性和集体化的氛围，把个体化的倾向社会化，或是疏解了类似夫妻争执这样的矛盾冲突，或是标示着相互间的援助，就像赫利维尔自己就曾经因为生病而没有点亮台灯，于是便引起了邻居的关心、对她给予了照拂（Helliwell 1992：185—186）。赫利维尔描述到，她曾经试图阻挠这种物质性的感官效应——去填补墙中间的空隙（Helliwell 1992：186），这空隙都大到足够让小动物挤进来或是传递物品了——来形成她西方意识下所需要的私密性，在听觉和视觉上都形成隔离。但是，这些尝试总会被与她同住的达雅克人无意地破坏，他们会去掉填充物，加强这些物质形式在社群中所促成的视觉和听觉上的氛围（Helliwell

1992：140)。正如赫利维尔所说（Helliwell 1992：140)，规定火塘要稳定地、周期性地保持亮光，对于确保该社群的凝聚力是至关重要的。实际上，这个对之前的研究者来说被高度划分、区隔的布局，从这些薄弱的物质形式以及它们之间的空隙所促成的听觉和视觉感受来说，是高度社会化、公共性的。

矛盾的是，赫利维尔尽力地指出，这种薄弱的分隔在听觉和视觉上形成了对周围环境的持续性知觉的同时，也保证了一种私密性，因为人们严守着这样的规矩，只有在个体的行为极度恶劣时（比如说虐待孩子或配偶)，在其他家庭的居住单元外逗留、进入单元、介入其中才被认为是得体和可接受的，在一个高度公共化的空间里，这确保了人们的私密性得到保障（Helliwell 1992：189)。赫利维尔提到（Helliwell 1992：185)，这些平淡无奇的背景声确保了个体借此而获得日常生活的私密性，同时又通过环绕身边的声音和光线形成了舒适感和亲密性。"薄弱的墙体"形成了一种复杂的感受，通过其物质化的效应调和了个体化与公共化的不同需求。

家屋社会的主题，在乔伊丝和吉莱斯皮（Joyce and Gillespie 2000）主编的《亲属之上》(Beyond kinship) 一书中得到了进一步的探究。这部书的一个重要成就，就是强调了历时性维度对于理解社会关系再生产中的建筑形式来说十分重要。这个维度曾被列维-斯特劳斯提及，但与考古学不同的是，民族学田野工作的共时性技巧往往难以抓住这一点。

苏珊·吉莱斯皮（Susan Gillespie 2000）讨论了玛雅人的"巢屋"现象。吉莱斯皮的研究聚焦于民族志和人种史学的材料，就建成形式的物质性描述了移动这一概念的重要性，提供了一种关于纪念性之本质的新颖解读；这对于主流的西方观念来说是反直觉的，因为后者通常经验性地认为纪念物是坚固而持久的物质形式。而在玛雅人的语境中，纪念性来自于静止和非移动性，这正是玛雅人的居住建筑形式所形成的特质。吉莱斯皮写道：

在玛雅人中间，被动的行为——坐着、休息和睡觉——是和房屋密切联系在一起的；一个人若坐在自己的房子里便是在其位，代表一个小的中心。神灵和祖先同样在固定静止的状态下、通常在他们自己的房屋中接受人们的祈祷。但是，人们需要进行一些活动才能让一座房屋成为一个静止、稳定的中心，通常是在房屋外围沿着逆时针方向进行绕行仪式，仪式中要确认参与其中的人，或者说明仪式是为谁而进行的，自此他们就成为定位在该空间中的一个社会群体（Susan Gillespie 2000：139)。

于是，被动性、静止性就形成了一个中心和焦点——实际上是一种非移动性，这从习俗来说是纪念性所具有的一项决定性特征——其他所有的东西都是围绕着它的。因此，玛雅人的房屋创造并固定了一个中心，关于世界的宇宙观也随之产生。这种宇宙观存在的方式，本质上就是房屋依据基准点形成并固定了一个中心，基于正方形静止化、中心化的特质形成了静止性和向心性。正如吉莱斯皮所说：

更常见的是，将宇宙水平地分为四个方向或象限，用房屋的形式、结构以及某些类似的现象来标示，尤其是桌上的神龛和玉米地（milpa)。埃翁·沃格特（Evon Vogr 1976：11）引用了一段玛雅索萃尔报道人的话，说宇宙"就像一座房子，就像一张桌子"，并且总结说"所有杰出的文化符号都是方形的"（Evon Vogr 2000：143)。

作为这样一个不可移动的中心，房屋致力于关注的并非基准点，而是身体和这个中心定位装置之间的关系，不仅仅是空间中的行为，还包括建成形式和身体之间所体现出的联系，参见沃格特所说的：

索苇尔人每天都会把他们自己身体的碎屑——梳头时掉下的头发——放进房屋墙壁的裂缝里，来进一步地从物质上标志他们和房屋之间共有的认同感（Evon Vogr 1969：465）。身体各部分的名称也同样地被赋予其他现象，包括山峦、玉米地和桌子。在更一般化的用语中，一座山、一块地、一座房子、一张桌子和一个人的身体，都指向同一个空间模型（Evon Vogr 1969：580；Gillespie 2000：144）。

吉莱斯皮提到，根据沃格特的论述，逝者过去是葬在屋子里的，但是"现在，逝者葬在墓地里而不是房屋的地板下面，不过他们的坟墓顶上用屋顶上使用的茅草覆盖（或是代表茅草的松针），为逝者把坟墓做成了房屋的复制品"（Gillespie 2000：146）。于是，这就形成了呈现形式从具体化到借代化的一种转变，并且伴随着非常具体的物质性："就这方面而言，房屋看起来的确是一种最为典型的建筑模式，它是人们为生者与死者建造的共同的容器，而神龛作为一座微缩的房屋则是一个质点，它联系着生者和被尊崇的死者，以及精神世界中的神灵"（Gillespie 2000：146）。

在这一模式中，床和长凳变得特别重要，因为被动行为就在这里发生，形成了静止性、场所以及纪念性力量，其他活动都围绕它们发生。神灵在长凳上休憩，就像人们在日常生活中做的那样。吉莱斯皮提到，根据汉克斯的论述，在 20 世纪初期，"死去的人仍然被安葬在他们自己的房屋中、自己的床底下"（Gillespie 2000：147）。

吉莱斯皮提到，根据人种史学的资料，"在中美洲，非移动性是一种重要的特性，它与向心性以及控制性力量相联系"（Gillespie 2000：147）。吉莱斯皮又引用了沃特森所观察到的，"非移动性和生育力常常和中心联系在一起；统治者或仪式专家们'驻留'（通常就是在房屋里面）的概念会非常规律地反复出现……于是非移动性就被当成了一种集中体现创造性、超自然或政治性力量的途径"（Waterson in Gillespie 2000：149）。考古学证据中呈现的科藩❶的微缩房屋模型以及帕伦克❷的小型神龛，都体现出了这些模型和"小型神龛被认为是某些与掌管房屋有关的特定神灵的场所，由于其对合理性和身份认同的需求，物化这些神灵的房屋就变得十分必要，因为通过这个方法就可以确定他们的位置，甚至还可能使他们驻留不动"（Gillespie 2000：150）。根据汉克斯的论述，吉莱斯皮提到了"玛雅尤卡坦人（Yucatec）的萨满活动，以及他们的神龛，把一张桌子转变成了一个神圣的所在。他们轮流召唤特定的有生命的神灵，用超自然的方式尝试让他们一个一个地降临到神龛的一角，从而让他们驻留不动，使自己可以和他们进行交流"（Gillespie 2000：155）。总的来说，吉莱斯皮认为这些考古学、民族志、人种史学的证据都指向玛雅人的"巢屋"（nested houses）宇宙观；即宇宙由一系列巢状的容器构成

反映了中美洲社会-宇宙观的同心原则，所有的空间都根据这一原则被组织起来（Sandstrom，1996）。这些大大小小的房屋彼此类似，但这并不仅仅是因为它们的物质形式都基于某一种直线型模式，而是因为它们都是通过绕行仪式而被创造出来的，这种绕行定义了他们的边界（因而围合了其中心）——绕行一个村落、一块玉米地或者一座房屋，

---

❶　Copan，洪都拉斯科藩省的玛雅遗址。——译者注
❷　Palenque，墨西哥东南部的玛雅遗址。——译者注

或是召唤神灵来绕行一个神龛。它们在一个逐步变化的尺度上彼此联系，一个尺度中的容器在另一个尺度中会转而成为被容纳的对象，而在这些边界之间的移动也需要某些仪式规程；因此，任意一者都会引出其余的那些（Gillespie 2000：159）。

在另一个语境中，麦金农（McKinnon 2000）描写了房屋的另一种动态过程，关注的是使住宅和谱系连续性得以产生的不同的物质呈现形式。她讨论的焦点是房屋中被精心雕琢的神龛，"塔兀（tavu）"（图14）："一个坚硬、耐久的东西，把人形抽象化了，'塔兀'进一步体现出了贵族房屋把它们与同类房屋的关系一般化、物化的能力，以确保它们那平民无法企及的高贵地位"（McKinnon 2000：161）。

因此，"塔兀"可以转换3种不同的物质呈现形式，以表现和转换谱系的连续性与人的生活："一端是根系牢牢锚固的稳定性，另一端是生长的欢腾；一端是把价值物化并集中在坚硬、不可移动的物体中，另一端是将其延伸到柔软、流动的鲜活个体上"（McKinnon 2000：162）。于是，"塔兀"就掌控和转换着社会与家系生活的关键性隐喻，即"植物生长的隐喻"："不可移动的根系或树干"（世系血统的主线）、"可移动的分支点"（特殊的个体）（McKinnon 2000：162），以及把贵族家庭比作森林，因为它们就是世系的等级和生长能力的源泉。

图14 一个房屋中的"塔兀"神龛。来源：Tropenmuseum，Amsterdam.
Object number：10000871。

正如麦金农所说，"塔兀"本身是拟人化的，从外观上看起来它支撑着主梁，主梁上放着祖先的头骨和骨骼。此外，诸如传家宝等其他推算血统的人工制品也储存在上面（McKinnon 2000：165）。在家庭仪式中，一家之主就坐在镶板前面的长凳上。因此，如同麦金农所说，"传家宝从循环流转中撷取价值，然后把它聚集到一个特殊的房屋中去，它同时也成为一条路径，把房屋和祖先们力量与生命的源泉联系起来。尽管贵重物品在有名字的房屋和没有名字的房屋中都进行流转，但只有那些有名字的房屋才能留下同样有名字的贵重物品作为传家宝"（McKinnon 2000：173）。就如同传家宝可以传递和维系世系的力量一样，名字也同样可以进行类似的转换和传递："一个名字也标志着一个实体，与那些散布的、移动的、短暂的实体不同，它可以把价值集中并固定下来。最终，名字标志了一种超越个体的能力，用更加抽象和一般化的形式将关系具体化了"（McKinnon 2000：173）。所以，有名字的房屋和土地、树木联系在一起，和它们之间具有永久性的关系；没有名字的房屋只和树木联系在一起，然而"相反的，没有名字的房屋的特征体现在它们对价值的散播上，体现在它们轻质、可移动的外围护上，体现在它们对于血、身体、人、树木的关系的详细列举上，以及它们与始祖之间的媒介关系上"（McKinnon 2000：173—174）。由于有名字的房屋把祖先的森林和土地中潜在的生成性力量固定了下来，因此有名字的传家宝物也就成为那种生成性力量的延伸体现。哪怕这些有名字的宝物被偷走或卖掉而不在房屋之中了，只要它们的名字出现在雕刻装饰中，就可以带来那种生成性的力量（McKinnon 2000：223n13）。

这种特定的表达形式，对于形成所需的转换过程是十分必要的："这种非指向性的抽象化，形成了一种十分综合性的表现形式：一代又一代的祖先们被凝结和抽象到了一个关于祖先力量的通用意象中去"（McKinnon 2000：175）。尽管十分类似于拟人化，但它们是非指向性的，就像前文中讨论的布洛克对马尔加什人房屋雕刻的分析那样："祖先的意象被抽象到一点，它几乎湮没在了房屋的整体结构之中，与此同时，房屋结构似乎也要从祖先意象中浮现出来"（McKinnon 2000：175）。

祖先们是房屋坚实的"根基"，他们的后代作为个体家庭的一家之主，是世系中短暂的"末梢"，最终会被归入更大的秩序实体中。祖先们并不停留在某个特别的位置，但是"塔兀"和与它联系在一起的人工制品"是生者和逝者之间的联系点"（McKinnon 2000：169）。有了"塔兀"，现在和过去就被联系起来，它们并非以一种具象化的形式联系，而是通过"接触点"和转换过程相联系，与之前讨论的那种联系类似，都是不断回指性的滑移。

再回到帐篷的意义，恩普森（Empson 2007）考察了蒙古包中家庭物品的布置以及分离和联系的问题，来探究"当一个部分从整体中被分离出来以后，它对于维护不同的亲属关系就变得必不可少了。进一步地，通过这些事物去'窥见'亲属关系的邀约，可以使不同的关系在同一时刻得以实现"（Empson 2007：113）。恩普森非常关注住宅——就像在一系列其他例子中讨论的那样——实现转化的方式。它转化各种关系，以此体现房屋作为一种制度所支持的一系列相互竞争、矛盾冲突的需求。她尤其关注炫耀、隐藏，以及不同的物质呈现方式，父系关系和其他亲属关系、甚至更广泛的宇宙观上的联系都在其中得到了调和。她特别关注事物的不在场及其不同的物质模式被呈现的方式："我认为，放在家中衣柜上和衣柜里的东西共同形成了一个场所，它可以吸收人际关系的某些方面，然后在人物缺席的情况下把注意力引向人际关系"（Empson 2007：114）。因此，恩普森提到："他们允许某些关系的延续不在共享的场所中也可以进行"（Empson 2007：114）。

尽管存在地理上的位置变换，蒙古人景观中的连续性借由对物质的接触与分离进行解读而得到了加强："当某样事物被分离出去时，无论是一只动物，一个家庭成员，还是一件东西，人们都会未雨绸缪地预先留下一部分，来保证它的精华或是好运也被留了下来、以支撑整体"（Empson 2007：115）。例如，恩普森提到了如何售卖一只动物，其中就包括一名女性用自己的外套摩擦它的口鼻，或者把它的一部分尾毛留在屋里这样的行为。这些行为体现了一种特别的策略，即"对于作为游牧民的蒙古人来说，可以在不同的时空位置中通过一些事物表达自身、不受个人身体形式的限制是至关重要的。这样，人们就不仅仅是在他们身体所在之处，而是同时存在于多个不同的地点"（Empson 2007：117）。因此，

在蒙古，构成一个家并不是靠人，而是靠房屋里那些宝贵的东西留存其位、代表着那些被赋予到它们身上的关系。这个观念也延伸到了房屋周围的景观上，用石堆、神树、埋葬的胎盘和拴马的桩子进行标记，即使没有房屋和人，也可以营造出居住空间的氛围来（Empson 2007：118—119）。

恩普森尤其关注了一件特别的家具，衣柜，以及它把多种关系聚焦到一起的方式，包括可见与不可见的关系、父系和其他亲属关系、男性和女性的网络，以及不同规模的社会联系、时间上纵向的父系关系，还有其他空间上的横向关系。她提到，衣柜顶上放置的东西是为了保护父系亲属关系的。但是"在衣柜里面、避开众人的视线藏着一些东西，它们是在各种分离或转换发生的时候从人身上取下来的"（Empson 2007：123）。这些是处于主要关系之外的隐藏资源，它们通过藏在衣柜底部的一些东西被唤起……包括人们身体的一些部分，例如脐带的碎片以及孩童第一次理发仪式中的头发"（Empson 2007：123）。

这些事物既构成了通过家系绵延而形成的纵向父系关系，也构成了共时性的横向关系。它们形成了可以跨越时间和空间、把人们绑定在一起的征兆和制度。"通过创造物理上的距离并给出自己的一部分，一种宜居的关系就形成了。有了这种关系，当人们在物理上彼此分离的时候，在分离的行为过程中又会产生新的关系"（Empson 2007：124）。由于内在可分的特性，"女性通过在娘家留下一部分脐带，和她的孩子、同胞，以及所有以后可能会分离的人之间的关系就得到了维系。这使得在不同群体间转移的女性永远都不会完全属于她们的丈夫或者父亲的父系家族，而始终和原生家庭保持着一部分联系"（Empson 2007：124）。

尽管更加传统的解释关注的通常是一些主要的、持久的关系在哪些条件下通过物质形式而得到维系，但恩普森却强调了那些看起来没那么重要的东西："通过这样的方式，这些被内置和隐藏的部分成为一些关系的可视化表达，这些关系隐藏在众人的视线之外，并不会公开地体现在日常生活或公共的仪式中"（Empson 2007：125）。她举了一个鲁宾（Rubin）图底反转❶的例子来图式性地解释，这些补充性的物质呈现形式以及集中性和扩展性空间尺度中的亲属关系是如何运作的，

使我们在设想蒙古人的亲属关系时，可以在不同的方式之间进行转换。首先，当把父系关系看作图时，它位于衣柜上方，衣柜本身和它里面的东西就成为这些关系在物质上和关系上的背景。然而当我们转换视角，去关注衣柜里面所包含的那部分时，我们就看到人们必须进行转换和分离来让父系亲属关系延续下去。通过鲁宾的图底转换，我们可以看到蒙古人在看待亲属关系时是如何在一系列相互依存的不同视角之间交替转换的（Empson 2007：130）。

---

❶　即埃德加·鲁宾（Edgar Rubin），丹麦心理学家，对图底关系及视知觉进行了系统研究，他著名的"杯图"就是图底转换的典型例子。——译者注

恩普森提到，衣柜中心的镜子形成了一个包含所有这些补充性关系的理想人格。于是，这一布局就提供了社会关系的理想化表达。衣柜以及其按此布局配置的元素"提供了一种认识典型人格的方式"（Empson 2007：132）。不过，这是通过把分散的元素和特殊的物质呈现形式集中到一起而达成的，它们以混杂的样式展现出了全部关系的总和，继而形成了主导性的那一种："通过使用生动逼真的蒙太奇手法，这些影响深远的亲属称谓和蒙古人房屋的空间布局建构出了十分灵活的方式、以吸收外来者"（Empson 2007：134）。这种蒙太奇手法同样形成了访问者与陈列物之间的关系，因为"这种陈列使观者对其主人产生崇敬之情，同时也想象自己，尽管是短暂的，被置入到这张关系网之中，成为他们所尊崇的网络中的一个潜在部分"（Empson 2007：121）。

布克利（Buchli 2006）则描述了哈萨克人帐篷的另一个维度，另一种对物质呈现方式的操控——关于其关键的结构性和象征性构件："珊伊拉克"（shanyrak）。"珊伊拉克"是帐篷顶上一个用木材弯曲而成的圆形孔洞。它形成了结构的开口，让光可以进来、烟可以出去，在结构上则是把帐篷的其他结构构件结合在一起的关键性构件。就象征性而言，"珊伊拉克"被认为是男性世系的表现，在最小的儿子之间代代相传。据说这样的"珊伊拉克"只有在传承成功时才会真正出现，来标示世系的成功延续。当男性世系中断时，按照传统，那个世系的"珊伊拉克"就会用来标记最后一位成员的坟墓，在当代的葬礼中，"珊伊拉克"作为一个装饰性元素，是一个十分得体的墓标。就这样，"珊伊拉克"既回溯过去又面向未来，控制着人们期望中世系的连续性；古老的"珊伊拉克"往往在世世代代的炊烟中被熏得黝黑，这样的"珊伊拉克"十分受人尊敬、被称为"卡拉珊伊拉克"（kara shanyrak）。它也被称为"郭克"（kwok），意思是美丽或者天蓝，因为它框出了头顶的蓝天。苏联解体之后，"珊伊拉克"近来已经成为哈萨克斯坦民族国家主要的标志性装饰符号。布克利认为，它从男性世系连续性的标示变成了民族国家的象征，其原因是后社会主义时代衡量历史连续性的方式发生了深刻的改变。如果说在过去，"珊伊拉克"的物质呈现形式是作为男性世系连续性的标示，那么后来它则作为装饰性元素而变成了民族国家的转喻，不再是建构性的构件了（尽管它现在也作为一个装饰性元素出现在各种各样的现代建筑项目中），这是后社会主义时期为巩固民族性空间而发生的转变中的其中一部分。在这里，它们运作的物质呈现方式是关键，因为这些呈现方式在知觉维度上发生作用，这对于理解其社会效应是非常重要的。

在人口与生活的生产中，这些或重要或普通的物质资料及其控制是古德费洛（Goodfellows 2008）之分析的核心，其对象包括相互层叠的性别、道德人格以及瘾癖，社会关系与道德人格都在瘾癖造就的环境中形成；其中，对脱氧麻黄碱的瘾癖尤为突出。在这个例子中，住宅和道德人格都被一种药物所控制。尽管古德费洛没有直接提到建成形式的问题，但是他关注了物质资料及其控制的问题，将其作为了该案例研究的核心。然而，这里所讨论的生产性物质资料，并不是食物这些传统意义上增强生命力的东西，在迄今为止考察过的共生关系、社会再生产和亲属关系的形成中，其核心还是通过一种建筑性的框架来控制这些物质资料及其社会效力。在古德费洛的论述中，换一个语境，大米的地位就有可能被强效纯可卡因和脱氧麻黄碱所代替，它们在各自的语境中都是维系生命、具有再生产性的重要物资。古德费洛的研究中提到了一个关键的报道人，他的父系血统就来自强效纯可卡因，因为他的母亲就是为了购买强效纯可卡因满足自己的药瘾而去卖淫才生下他的。

由于他母亲一直有对可卡因的药瘾，当他长大、性成熟以后，也参与性工作来糊口、维持家庭的生计与日常事务上的情感纽带。该案例的论点是，在这样的环境下，街道和临时性的旅馆才是这些物质资料的交换和掌控所发生的基本空间与建筑语境。它们本身没有固定的空间那么重要，但重要的是，在它们之间穿梭是控制、获取、分享这些维系生计的物质资料的方法之一，通过维系这种谨慎、脆弱，通常还很混乱的状态，家人之间的情感、爱、互助、养育才得到了保障（尽管有时并不完善）。从物质资料的角度看，似乎产生了一种十分不同的物质景观，它无法被缩减到一件事物上，比如一座房屋、一条街道、一个社区；各种各样的空间与建筑环境被串联起来，以维系这样的控制活动、维系这些维生关系，尽管从传统的生物医学观点或者标准的参照体系来看，这些生活形式很难被辨识出来。然而在古德费洛的分析中，物质资料的核心地位及其维系生活的能力说明了一个观点：正因为有了这种不稳定的、矛盾冲突的、充满争斗的空间与建筑环境，才提供了另一种不易察觉的解读建筑及其布局的方式，涉及物质资料及其控制，以及它在建筑、物质、社会方面的效应。

另一方面，古德费洛的分析也体现了一个列维-斯特劳斯早已提及的关于家屋社会的过程，"它们形成了一种结构化的状态，在其中，政治和经济利益都试图侵入社会领域，但尚未形成其可支配的清晰的语言，因而不得不通过可用的语言、即亲属关系的语言来表达自己，然后又不可避免地颠覆了它"（Lévi-Strauss 1987：152 cited in McKinnon 1995：173）。通过这样一个过程，家屋关系中发生了各种占用和颠覆，最终成为更高利益的表达——在这个例子中就是新自由主义社会的逻辑中对于维系独立生活来说必要的生理需求。联盟、颠覆和控制就是通过亲属关系、物质资料以及和居住相关的事物而在彼此之间形成了关键性的、有时甚至是竞争性的关系；就像古德费洛的例子体现的那样，尼古拉斯·罗斯（Nikolas Rose 1990）等理论家也以相关的方式讨论过政府统治中的类似现象，"心理学科"与生活方式的联合，个体决策，以及国家利益都以一种竞争性的关系彼此联系在一起。

4

在这个由列维-斯特劳斯的概念所建立起来的研究传统里，家屋和建成形式成为控制生产性物质资料和社会冲突的关键语境，作为"虚幻物化"有效地起着促进作用。如此，对于家屋之建筑语境的强调促成了一种观点，它与传统的、静止的经验主义方法不同，体现出了家屋作为一种特定的转换性的呈现方式，如何通过一系列的物质呈现方式促进了这些流动、促进了社会与再生产性的生活。这里列举的诸多案例证明了这些流动可以在极其多样的尺度下、通过极其丰富的物质呈现形式得到控制，从移动到共生，到非移动性、图底，以及命名和去物质化，证明了不同时期、不同地方的人们在家这一建筑环境中可以通过各种微妙而独有的方式来操控多种物质呈现方式。追随米恩（Munn 1977）的论述，或者追随巴塔耶［Bataille 1987（1928）］关于"基本"联系和"粗俗"联系的论述，通用性、低调性、非物质性和不稳定性通常是建成形式中相对不太重要的方面，但正因为这些特性，控制这些或普通或重要的形式的流动才得以可能。通过这些回指性的链条，这些流动才在不同的时间和空间尺度中以多元化的、生产性的方式形成了不同的住宅和社会生活方式。

第 4 章　机构与社区

1

人类学家们对居住建筑最主要的兴趣在于其多种多样的形式，对其亲密的、面对面式的民族志研究一直延续到了 20 世纪下半叶，而在更广泛的社区、村庄、邻里，以及城市和其他建筑环境中包含了更大范围的人类互动，例如礼拜堂、广场、市集、宗教场所、监狱、医院、学校、办公室、等候室、公共交通和飞机场，人们广泛地在这些场所聚集在一起，彼此进行社会交往，在此形成了新的人格形式、社会性形式与住宅形式

让我们再一次回到水晶宫以及它对工业化的玻璃和铁的创新性使用，这涉及了 19 世纪思想革新的基础，就像我们在森佩尔、皮特·里弗斯和其他人的作品中所看到的那样。水晶宫中所展现的新材料在参观它、评论它的人们心中形成了这样一种神奇的感觉，它的结构本身就是一个建筑奇迹。就这一方面而言，尽管水晶宫在海德公园存在的时间很短（1851—1854 年在海德公园原址，1854—1936 年在锡德纳姆），但是它开创性地对人们如何在公共场所社交和聚集进行了全新的重置。它与当时不断扩张的铁路系统相联系，吸引了那些本来绝不会来首都的人，他们现在不论是在各个省份还是国外，都可以更加容易和简单地到达这里。类似地，之前从未创造出一个能够容纳这么多来自不同地方、有着不同社会背景的人的封闭空间，有条有理而又史无前例地把不同的人、不同的阶级和不同的口音集合到了一个屋檐下。从社会的观点来看，这意味着一种新的空间，它打破了传统的语言、阶级和地域的界限；这些界限在这个时代业已建立的空间、地理和阶级分层中一直是固定的，但是这些新的物质形式取代了它们。人们过去绝不可能如此自由地在一个空间中彼此相遇。它挑战了传统的空间层级和它们所维系的社会关系。然而，就像皮特·里弗斯和森佩尔的研究中所表明的那样，玻璃和钢铁的物质性可以促进新的比较性知识的产生，由此使诸如考古学和人类学这样的学科以更为成熟的形式出现，它们的这些物质性也揭示了社会性的新形式。

在这样一个历史性时刻里，马克思和恩格斯从早期的黑格尔哲学发展出了他们的唯物主义哲学，把物化过程问题化了（参见 Miller 1987）。也正是在这样的氛围下，马克思得以构想出他关于社会生活之物质基础的理念："不是人的意志决定了他们的存在，恰恰相反，是他们的社会存在决定了其意识"（Marx 1977：389）。一般意义上，物质条件不仅产生某些社会形式，也产生某些思想和意识形态。解读生活和意识的物质性之间的亲密关系，是后来马克思的分析和经验主义社会科学的核心。因此，如果一个人可以改变物质世界的一个方面，那么它对于社会和意识的影响也会改变：物质基础决定上层建筑。这种对于生活的物质性以及人类意识的密切解读，是在马克思的《路易·波拿巴的雾月十八日》（The Eighteenth Brumaire of Louis Bonaparte）（1954）中发展出来的，他在书中详尽地

分析了为什么社会革命会失败，而一个中产阶级的皇帝却能登基。法国的民众怎么会反对自己的利益？《路易·波拿巴的雾月十八日》中，一项关键性的评述就是马克思自己对于时代物质条件的分析，该分析并不严格地限于经济方面，也包括社会生活所促成的物质性。他苦闷地抱怨，法国农民无法作为一个群体调动起来去追求他们自身的利益，而是分裂成乡村中相互隔离的个体家户，相隔很长的距离，彼此间无法建立密切的联系、进而形成一种集体意识和政治意愿——因此他用"麻袋中的土豆"这一比喻来描述这种毫无内聚力的集体。可以观察到，这种情形在诸如巴黎这样的城市中正好相反，无产阶级者挤在狭窄的公寓里，贫穷的无产阶级街区不得不彼此互动、参与、集聚，因而形成集体身份——随即有了集体意识。由于贫穷和过度拥挤而被迫产生的亲密性产生了一种集体政治意识，于是城市形式的物质性就密切地卷入到了新的社会性与思想形式之中。正如马克思在别处阐述的那样，在这样的情况下，这些意识成就了在这个世界上以新方式进行思考和行动的理论家。类似地，这些同样局促而贫困的情况也提供了一种在身体和精神上进行抵抗的物质途径。铺着鹅卵石的狭窄街道成为这个过程的象征，立刻成为革命者们设置障碍的一个选项（图 15）。这些由熟练的工人们所铺就的石头可以很容易地被挖出来，代而被革命者用来筑成抵抗警察和军队的路障，对抗国家，占领巴黎的一些区域（参见 Traugott 2010）。有趣的是，特劳戈特（Traugott）不仅提到了那些用来形成路障的鹅卵石，也提到了其他可移动的、易于处理的东西，例如住宅中的家具。于是，家居室内的元素和公共空间的元素以一种崭新的革命性的方式被重置，改变了社会关系和空间关系。后来，奥斯曼男爵把这些地区及其狭窄的街道都夷为平地，代之以今日因其宏伟而备受赞美的宽阔的林荫大道，但是这些大道也可以带来军队，去镇压未来任何可能的革命企图；实际上，这一行为通过这些街道特定的物质性和宽阔的景象，让那些革命企图不再可能了，也通过有意识地发展物质与政治效应，杜绝了某些集体意识与集体行为。

后来的马克思理论者瓦尔特·本雅明带着这些见解，在其于 20 世纪早期写就的关于巴黎和巴黎拱廊的回溯性研究中思考了这些 19 世纪的形式（图 16）。本雅明严肃地考虑了这一点——即物质条件决定意识——以及在 19 世纪反思中处于核心地位的化石比喻，他考察了巴黎的物质文化和物质性，尤其是形式新颖的拱廊。在他写作的时候，这些拱廊正在逐渐消失，而它们消失带来的结果，就是其存在的历史真相通过本雅明的方式引起了人们的关注。他描述了狭窄街道上的覆盖物，以及诸如玻璃和钢铁这样的工业化新材料如何创造出了新的建筑形式、继而产生了社会生活与社交的新形式。这些都在他的"游荡者"这一形象中得到了体现，游荡者流连于这些之前是室外、现在是室内的空间中，新的社会性、行为举止、衣裙和性别化行为都可能于此产生。简而言之，伴随一系列新的感官行为与品性倾向，一种社会生活的新形式被创造出来。

米歇尔·福柯在他关于功利主义哲学家边沁（Bentham）的圆形监狱——一种新型结构的重要著作中，将马克思关于物质决定意识的理论问题化了，这个监狱虽然使用了传统材料，但是重置了空间来规训监狱中的人，形成了一种新的意识。边沁设想出这个圆形监狱，最初是为了波将金（Potemkin）王子能够在俄罗斯卡瑟琳尼安的庄园里有效地调动和监管农奴的生产、使之合理化（Werrett 1999）。然而，它随后最为人知的功用却是作为一种建筑空间创造上的革新，来规训和改造因犯。如果接近性原则形成了社会性和特定的意识形态，那么圆形监狱就形成了在社会关系上分裂的个体因犯，他们被隔绝在环绕着一座

图 15　巴黎的路障。来源：Jean-Louis Ernest Meissonier（1849），*Barricade*，*rue de la Mortelleriejune* 1848（Remembrance of Civil War）. Oil on canvas. Louvre / Giraudon / The Bridgeman Art Library。

瞭望塔布置的单独的牢房里。就像边沁自己所表述的那样：

> 一个圆形的建筑……所有囚犯在他们的牢房里，占据了圆周——工作人员在正中间。借由百叶窗和其他的机械设备，巡视员是被隐藏起来的……囚犯们无法观察到：于是就有了一种普遍存在的情绪——整个圆周几乎，或者……根本不需要变换任何位置就可以检查到。只要检查区的一个站点就能提供覆盖每个牢房的几近完美的视野。（引于 Werrett 1999：1）

这种建筑上的创新产生了一种具有深刻影响的感观新维度。它产生了一种新的视觉性形式，一座瞭望塔位于中心，形成了无所不在、"上帝一般"的全视之眼，窥视着每个牢

图 16　巴黎拱廊。来源：Rene Drouyer，Dreamstime. com。

房（Werrett 1999：17）。囚犯们并不知道他们是不是正在被监视着，只能假设如此。囚犯们被圈在牢房里、被全视之眼观察着，监狱设计成这样与其说是为了惩罚，不如说是为了形成一种有意识的内部感——简而言之，一种"内在意识"，或者像福柯说的那样，形成了现代灵魂的理念。这是独自进行的自我反应和自我调节，因此监狱里的人可以得到控制，不会形成集体，而是相反地形成一种个体化的意识，进行自我调节和自我革新，这些都是与建筑空间之视觉性的创新性重置相关联的。就如福柯所阐释的："这种惩罚性力量的'微观物理学'的历史会成为现代灵魂的谱系或者谱系中的一个元素。人们不会把这个灵魂看作一种意识形态再生的遗存，而是把它看作关于身体的某种权力技术在当下的关联"（Foucault 1977：29）。接着他总结道："灵魂是一种政治解剖的效应和工具；灵魂是身体的监狱"（Foucault 1977：30）。

福柯的写作展现了这些对于空间微妙而有力的重置通过什么样的方法形成了新的权力形式和控制形式，更重要的是，这些权力形式如何遍及了每个层级，不仅是自上而下的还有自下而上的，可以通过微妙的应用产生同样的战术效果来颠覆权力——由此，福柯把权力看作是无处不在的，而不仅仅是等级化的（参见 Foucault 1986，1991）。

就关于机构和制度的建筑人类学而言，对于无处不在的权力的深刻见解，以及判断新的抵抗形式与抵抗策略的能力，还有与之相伴随的社会生活、机构和人格的新形式，为我们提供了分析工具，去考量社会生活的物质条件、建筑形式以及新的存在形式的变化（考虑 Markus 1993 的研究）。在 20 世纪中期，两位马克思主义理论家，列斐伏尔（Lefebvre 1991）和德·塞托（de Certeau 1998）脱颖而出，他们提出了关于这些空间和物质过程在战后的资本主义西方世界如何运行的见解，提出了关于我们如何解读城市的主张。这两个学者都非常重视城市语境中的日常生活范畴，权力的效应在其中得到感知，也遭到抵抗。在这些语境中，空间"战术"（tactonic）的观念（de Certeau 1998）出现了，它描述了地方性力量对支配型实践的抵抗，试图因势利导地、迅速地在资本主义经济与城市中修订主导的权力与阶级形式。

"情景主义者"（Situationists）（参见 Sadler 1998）以及 1968 年巴黎的学生动乱使用了这些见解去追求此类战术，即通过嬉戏的实践来否定资本主义（也含蓄地包括苏维埃社会主义）城市的理性和等级，用资本主义城市来反抗其自身。学生动乱中的情境主义口号回应了 19 世纪中期的巴黎反抗运动，表达得非常简洁："*sous les pavés，la plage*"——"鹅卵石下才是真正的沙滩"❶。这句情境主义口号所指称的，是对于建成形式特定物质性的关注，它促成了新的意识与行动——例如人们可以在集体行动中把标志性的鹅卵石挖出来，用于反抗看起来压倒一切、不可撼动的资本主义理性与秩序的结构，并提出一种全新的集体性结构，而这种存在方式正是沙滩这一嬉戏式指涉所暗示的。简而言之，这是一种对于战术以及福柯式的"微观物理学"如何运作的非常诗意的表达。

这种福柯式的、根本上是马克思主义的传统，在人类学家保罗·拉比诺的著作《现代法国》（French Modern）（Paul Rabinow 1989）中得到了例证，其内容是关于城市规划作为一种统治形式，在 19 世纪与 20 世纪早期的法国及其殖民地的兴起。他讨论了建筑、建筑风格以及规划的角色，即作为一种冉冉升起的、官僚与殖民的现代化统治技术。他讨论了法国当局如何用规划工具来统治殖民城市，尤其是北非的那些城市。拉比诺在明确的福柯式脉络下进行研究，他关注那些影响了当前法国官僚实践的那些哲学思潮的谱系源流。拉比诺尤其关注他所指的"中庸现代主义"的形成，即一种现代化的、与历史无关的、抽象的规划概念的演进，它在官僚管理的协助下形成了抽象的空间，并将自己置于更加多样化的、受历史影响的、矛盾冲突和异质化的生活实践之上。拉比诺反思了摩洛哥殖民控制的开端，以及新的欧洲聚落是如何在传统的摩洛哥聚落旁边建造起来，把法国人和摩洛哥人、基督徒和穆斯林区分开来，把现代和非现代区隔开来的。然而，20 世纪早期还见证了

---

❶　这是法国五月风暴中提出的一句口号，文中是对这句话的字面直译，其内在含义则是指在现代文明各种压迫的规范之下埋藏的是真正的自由。——译者注

这样一种空间统治的方式，即通过在欧洲形式中结合阿拉伯装饰元素来促进"联系"和"区隔"："摩洛哥的公共建筑会体现摩洛哥的形式，但服务于现代的技术与管理标准"（Rabinow 1989：312）。拉比诺提到，法国的研究关注传统摩洛哥形式的产生、关注它们的分析，以及将其作为一种控制与统治模式而进行的保护。

对摩洛哥建筑遗产的重构（例如对艺术装饰的保护）比起吸引游客（虽然旅游中也考虑经济和政治利益）来说更是个问题。利奥泰（Lyautey）相信，在巴洛克最后的低语中，建筑的外观至少和其存在有着等同的功能。因此，重建对于平定和安抚（包括对法国人的安抚）来说，是十分必要的一部分（Rabinow 1989：284）。

关键在于通过对这些 20 世纪早期的空间和装饰形式进行协调编排，来管理法国人和他们的殖民意愿，也管理本地的摩洛哥人。拉比诺详尽地指出，这一策略有助于团结和满足那些同样希望与"基督徒入侵者"区隔开来的本土精英的需要（Rabinow 1989：287）。不过，在后续由该地区的法国当局所进行的规划中，这个思路最终将让位于一种更加公开、理性和普遍的现代主义，特别是在有了柯布西耶式的规划者米歇尔·埃科沙尔（Michel Ecochards）的装点之后；他战后时期在摩洛哥的工作，将其从拉比诺所描述的早期"历史-自然环境变为了社会-技术环境"（Rabinow 1989：13）——特别是在战后时期，人们追寻的是根据极端现代主义的原则和人类需求的普遍性来重铸摩洛哥城市。实际上，这就是 20 世纪法国城市现代主义可追溯的谱系之一。

与城镇规划和控制的现代主义逻辑相反，情境主义者的工作恰恰就颠覆现代主义规划的方法给出了示例（参见 Sadler 1998）。但是在后现代主义的情况下——晚期现代机构仍然得以维系，消费主义、奇观和游戏相互交织缠绕——与建成形式之物质性相关的那些议题就更成问题了。弗雷德里克·詹明信（Fredric Jameso 1984）对洛杉矶鸿运大饭店（Bonaventure hotel）的讨论就示例了在面对后现代主义的新理性时所产生的紧要问题（图 17）。

图 17　鸿运大饭店，洛杉矶。来源：James Feliciano, Dreamstime.com。

众所周知，詹明信曾论及由建筑师约翰·波特曼（John Portman）所设计的鸿运大饭店（Bonaventure Hotel），以此说明"客体所发生的变化，并不见得伴随着任何等同的主体变化"（Fredric Jameso 1984：80）。它对认知建成环境的传统模式形成了挑战，提出了"一种增长新的感官，扩展我们的感官机制的诉求"（Fredric Jameso 1984：80）。正如詹明信所说，这不是一种乌托邦式的尝试，企图将自己插入一个"艳俗而商业化的符号系统之中"（Fredric Jameso 1984：80—81）。相反，它拥抱这个"符号系统"，并且使用了它的语言［詹明信提出，这就如同后现代建筑理论家文丘里、斯科特·布朗和艾泽努尔在《向拉斯维加斯学习》（Learn from Las Vegas）一书中详细阐述的那样（Venturi 2000）］。詹明信观察到，该酒店的入口不像任何的传统酒店，它们是间接性的。看似主要的入口只能到达二楼；之后需要乘坐自动扶梯去登记入住。如他描述，这是一个独立而隔离的空间，是一个"微型城市"。这就是为什么它没有真正的入口，入口是连接酒店与外部世界的，但这栋建筑物决然无须与外部相连。

詹明信的"诊断"在建筑物表面的物质性上得到了证实，反射性的玻璃抗拒着外部的城市，让鸿运大饭店显得"去地方化"。人们看不到建筑物，只看得到围绕其周围的事物变形的倒影。这种对方向的迷失，在进入建筑物后变得更加混乱。一旦进入大厅，带有高耸中庭和垂直升降机的这个空间使得

我们无法再使用体量语言，因为我们无法抓住任何体量。悬挂的飘带充满了这个空空荡荡的空间，这种方式系统地、有意识地将自身从这一空间可能应有的任何形式之中抽离出来；而其中持续繁忙的景象则给人一种感觉：这里的这种空荡也是被填满的，是一种你可以将自己沉浸其中的元素；在你和它之间，不存在任何此前形成认知或体量所需要的距离感（Jameson 1984：82—83）。

从外部来看，这些塔楼的对称性显而易见，没有任何东西去回应空间和城市体验那种破碎和并置的状态。它颠覆了现代主义的理性：没有人能真正找到这些商店，因为不可能找到方向，商业空间也无法吸引到顾客。詹明信在这里描述了一个情境，在其中，一个"后现代的多维空间——最终成功地超越了个体身体定位自身的能力，在知觉上组织了其周边的环境，从认知角度在一个可图示的世界里标示出了自己的位置"（Jameson 1984：83）。此外，他指出："这本身就可以成为一种更加尖锐之困境的象征和类比，就是我们的思想对于描绘全球化的、跨国性的、去中心化的交流网络无能为力，至少目前是如此，我们自己作为一个个独立的主体，被困在了这个网络中"（Jameson 1984：84）。而且，最终，"我们淹没在了自此以后被填满的体量之中，直到我们后现代的身体失去了空间上的坐标，在实践上（理论上更是如此）再也无法实现任何的距离化"（Jameson 1984：87）。

不过詹明信非常详尽地指出，尽管如此，鸿运大饭店仍然是一个很受欢迎的建筑，访客们十分愉悦地跟随着令人迷失方向的空间形式在其中走动。这显然是一个服务于后现代资本主义经济的嬉戏空间，与现代主义气质相抗衡的嬉戏活动被结合起来，服务于消费主义的后现代经济的逻辑（德·塞托，列斐伏尔）。因此，詹明信警示说，这样的情况需要"一种突破，以达到一种目前还无法想象的新的表现方式，我们可以借此再次抓住作为我们独立主体或集体性主体的地位，再次得到行动和抗争的能力，这种能力如今正在被我们关于空间和社会的困惑所抵消"（Jameson 1984：92）。

民族志学家詹姆斯·霍尔斯顿（James Holston 1989）在论述巴西首都巴西利亚的时候，在詹明信描述的后现代主义的条件下（也可参见 Epsteins 1973 早先的巴西利亚民族志研究）考量了这些颠覆现代主义空间逻辑的主题。在这里，现代主义形式无法适应建造者和使用者所预期的效果；它们开始以意想不到的、与其内在逻辑相抵触的方式被使用，因而重新在巴西城市中形成了一些现代主义者们试图改革和消灭的情况以及不平等性（就像鸿运大酒店再现了后现代资本主义的不平等性），同时也灌输了新的内容。现代主义的理性被颠覆，一种迥然不同的后现代空间在其异质化的空间中、在各种社会性和不稳定的形式中出现了。霍尔斯顿（James Holston 1989）认为，城市生活清晰而连贯的传统模式促成了巴西的社会性，而它们又被移民、居民、工人和官僚们通过对这些原则的自发性颠覆来试图修订形成的理性化形式所消弭。巴西利亚的规划形成了一种视觉和物质上的体制，它与巴西生活的运作格格不入，在物质形式上不可持续，因而不可避免地在社会生活的各个层面遭到各种各样的空间战术的颠覆。

特别要提到的是，霍尔斯顿评论了现代主义规划意想不到的影响，认为它抑制了巴西传统的社会性。他描述了巴西城市景观中现代主义形式的大量聚集所产生的"图底反转"，并声明了这一反转所产生的民族志影响（Holston 1989：127）。传统的巴西城市创造了一种对私人领域和公共领域的空间化解读，城市景观中实体性的建筑群借此将私人区域标示为"底"，而虚空的街道和广场则在私人区域的基底之上创造了"图"，标示着公共空间与公共生活（Holston 1989：129）。霍尔斯顿指出，在巴西利亚，这种"底/实/私人和图/虚/公共"的关系被反转了。因此，辨识私人和公共活动领域的传统手段被消弭了（Holston 1989：134）。取而代之的是，一切事物都由于纪念性的建筑形式及其功能变成了图。"所有事物都争相吸引注意，每一个都使其创造者永生，每一个都在颂扬'把人和机器引向无尽地平线的高速公路的美'"（Holston 1989：135）（图 18）。城市的生活方式，是根据清晰可辨的私人与公共领域以及这些领域所描绘的道德与社会生活所构建起来的，而这些生活方式正在消弭。于是，一系列的占用行为由此发生，以修正这种纪念性的现代主义造成的消弭效应，不过效果有限。霍尔斯顿提到了街头文化中的游荡者是如何绝迹的（Holston 1989：141），其原因包括汽车驾驶者、理性思潮中基于机器的社会性，以及实现了"高速公路之美"的快速运动，它们正是这些形式意图形成的东西。因此，以巴西街道景观中传统的非机械化居住模式为代价，一种截然不同的现象学，一种非实体性的、自动化形成的人格模式与认知模式也由此产生。因此，那些促成了在城市里相遇和城市社会性的各类媒介空间便被消弭了，"社会生活在工作和居住之间不断地摇摆"（Holston，1989：163）。霍尔斯顿对于这些空间特质的主张，并不像其作者那样强调现代主义形式之物质性的重要意义（包括建构细部、程式、平面、分隔、颜色、肌理和表面），而是更加强调这些形式根据现代主义的逻辑大量聚集之后所造成的意料之外的结果——这种聚集造成了"图/底的反转"，形成了意想不到的深刻影响。

在哈萨克斯坦的新首都阿斯塔纳则是另一种更为新近的语境，为了民族国家的形成，为了给其中的居民和更广泛的国民创造出一种新的哈萨克斯坦身份认同，城市规划被用来创造一个典范性的新首都。在这里，后现代主义的景象以及它对于表面，对于休闲、娱乐与生活空间的处理，都被设计来创造这种新的民族主义的主体性，与之前普遍主义的苏维埃主体性迥然不同。正如布克利（Buchli 2006）指出的那样，在一种独裁式民主的条件

图 18　巴西利亚。来源：Bevanward，Dreamstime.com。

下，建筑物的表面成为社会介入和社会批判的焦点。正是借由它们的不稳定性，民族国家以及哈萨克斯坦的身份认同才得以被塑造、得以稳定地形成。拉斯彻考夫斯基（Laszcz-kowski 2011）后来在阿斯塔纳工作了数年，他描述了这些创造了闪亮未来的、不断成熟的形式——这一未来的愿景吸引了更多移民来到首都，但后社会主义生活严酷的经济条件也让他们十分失望。在这里，这些新的形式所标示出的矛盾冲突并没有为新的社会介入创造条件、对现状产生挑战，而是和他所描述的居民与移民的个人渴求内在地联系在了一起。形成理想生活形式的这些条件未能创造出来，被视为是因为个体的失败，而不是一个基于新自由主义的独裁式民主国家内在的系统性矛盾导致的结果。这一结合十分完整，形式上看似蹒跚摇摆的力量成为主导。这种景象的逻辑极其完整（图 19）。也正是因为后现代形式的"易拍摄性"（参见 Adamson and Pavitt 2011），因为它们对于各种参与性的数字化平台的顺从（例如录像屏幕、手机电话等等），使得城市中数字媒介化的、视觉化的体验无处不在，从而造成了一种感觉：居民们尽管的的确确住在其中，但却无法以一种整体性的、有意义的方式真正栖息（Laszczkowski，2011；也可参见 Buchli，2013）。

　　麦圭尔（McGuire 1991）在其关于纽约布鲁姆县的不平等景观的讨论中解释了两种不同的城市环境之物质性如何形成了两种不同的政治意识以及不平等性。在一种环境下，非精英阶层的愿景通过在建筑形式上的模仿，以物质性方式得到了满足——就是说，每个人都可以通过不同的方式实现某一种建筑风格，通过使用新殖民主义的、"工艺风格"的建筑元素来粉饰这个以企业为中心的城镇中显而易见的、深刻的不平等性，以此来表明城市景观中平等的意识观念。在另一种城市环境下，工人们被隔绝在工人住宅中，无法实现模仿精英愿景下的物质与住宅形式。这里存在着一种设定，即个体化的、可控制的愿景也可能被结合起来，通过工人住宅那独特的形式所具有的极度拥挤的亲密性来促进集体意识的形成，这与以企业为中心的城镇中的精英住宅迥然不同。这两种情况为另一种政治意识的形式提供了可能性，从而对资本主义城镇的等级制度形成了挑战。麦圭尔的分析显示，同样的经济现实可以以不同的方式物质化，形成两种不同的公共对象。在一种情况下，资本

图 19　阿斯塔纳的天际线。来源：作者。

家和工人之间在空间上和建构上都存在着明显的区别，因而没有共同的建构对象，导致了两种不同的社会身份认同的形成——一种是精英阶层的，一种是工人阶层的，而后者正是在独特的工人住宅与拥挤的环境之约束中形成的。另一种情况则试图通过形成一个关于民主性建构对象的共同隐喻，来克服工人与资本家之间内在的阶级矛盾，包括相似的住宅、相似的规模、相似的装饰主题，它们都散布在共同的景观之中；尽管这个共同景观中还是存在差异化的（有时是对立性）的体验，在感知上存在着不同程度的不平等性，但这些元素看起来都是平等的。在这里，尽管仍然存在着同样的经济阶层差异和不平等性，但带有共同装饰主题的对象以及一种普遍的、连贯的、统一的景观在物质上建构出了一种截然不同的意识和政治活动的主体。麦圭尔所认定的民主式的消费文化形成了共同的对象与物质崇拜（或者说误识），掩饰了这些物质形式所形成和维系的共同景观中所汇聚的固有且矛盾的利益。

　　正是在资本主义城市的条件下，新的集体意识才得以产生，就像这些例子所显示的那样。然而，这些新的存在形式并不总是得体的，它们也可能很糟糕，这在塞色·洛（Low 1997，2003）对北美的门禁社区所进行的研究中就可以看到（图 20）。在这里，城郊社区的物质性通过渗透性程度不同的门，形成了既是硬质也是软质的边界，围合出了隔离的社区；而这种隔离又被严格的内部控制进一步加强了，包括车行道布置、门前空间、景观、房屋配色等，以及规定什么可以更改、什么不能更改的严格条款。在这里，美国人自由表达、自主决策的意识观念被拿来换取由一致性带来的安全感以及不同程度的边界，如同洛对其描述的那样，形成了"恐惧的壁垒"（Low 1997）。这些社区形式的物质性不仅夸大和加剧了这种恐惧，而且造成了新的不连贯的、碎片化的生活形式和市民身份，集体性民主与市民身份的可能性被这种干预行为的物质效应消弭了。这些社区表面上的建筑风格——无论是西班牙殖民风格，现代风格，还是其他的混杂风格——都无关紧要；真正要紧的是它们具有一致性，并且这种一致性加强了在视觉、空间、社会层面将城市环境碎片化的过程。这是一个顺应这些物质需求的过程，它形成并加强了人们极度渴望的隔离。这些对于空间的操控以及建成形式的物质性"编码了恐惧"——正如洛所说的，"不仅只是隐喻性的"（Low 1997：53）——让这些形式真正在物质上管控了生活。作为一种对于日益增长的贫富差异的回应，人们越来越被阶级、种族还有性别所隔离开来。洛提到，全球化的经济与移民的重构，将导致公共空间的萎缩和私人空间的扩张。据洛所说，"未来的城市""将会被种族和阶级分隔成一块块设有门禁的飞地"（Low 1997：54），而且将会一直如此持续下去。洛（Low 1997：56）引用了法因施泰因（Fainshtein）的话："建成环境的形式勾勒出了社会关系的结构，造成了性别、性取向、种族、民族和阶级的共性，呈现出了空间的身份。而社会群体又反过来通过社区的形成、领域的竞争以及隔离，把他们自身的印记实体性地留在了城市结构之中——换句话说，就是成群聚集、建立边界、制造距离"。洛观察到（引用 Merry 1997：56），分区规则又被发展起来、进一步助长了这种趋势。

图 20　一处设门禁的社区。来源：Mark Winfrey，Dreamstime.com。

居民们牺牲了"社区感，来换取更多的安全性"（Low 1997：63）以及日常维护等其他便利。洛描述道，居民们并不非常"关心在这些新的社区里交朋友"。他们赞同严格的"规则和管控"，也乐于不必为维护而承担责任（Low 1997：67）。这些结构促进了某种分离——"从社会中、邻里中、责任中退出"（Low 1997：67）（他们普遍的一致性形成了这种"退出"和分离）。在这种一致性中，被管控的材料、色彩、景观和大门成为介入面对面社区的代理者。最后，风格就没那么重要了，重要的是通过对这些可互换的通用化风格的材料进行管控所促成的"退出"。就像先前莫里斯·布洛克提到的马尔加什人房屋木雕的例子那样，这些装饰性元素不应当被"阅读"；它们并不是指示性的，而是形成了一种物质形式，通过其风格上的一致性和统一性、通过对这些形式的应用来促成这种退出，无论其过程是多么武断。

另一方面，黛西·弗劳德（Daisy Froud 2004）也关注了一个类似的现象，并考察了在英语语境中，经过规划的社区是如何通过其物质形式的影响来形成颇为差异化的身份认同的。她描述了诺特利花园村和比利花园等规划社区如何有意识地形成了历史性的物质和空间特征，并以此作为一种提供叙事的方式，在流动不居的经济中锚固社会和私人生活。

实际上，这些看似不规则、不理性的建筑与装饰元素，诸如"内置型角落与缝隙"（Daisy Froud 2004：219）等，公然形成了假造的英国乡村，提供了一种环境，使得由相互之间并无联系的家庭和个体所组成的社区可以通过这些建筑元素，甚至通过将既有的树木和景观挪移到既有的历史建筑上这样微妙的行为，快速地建立起空间感和场所感（Daisy Froud 2004：218）。弗劳德敏锐地注意到，没有人被这些形式所欺骗。它们之所以是"真实的"，只是因为它们的确形成了关于场所的真实全新的叙事，并且在流动的人群与劳动力市场中促使居住在那里的家庭之间形成了联系。

米歇尔·墨菲（Michelle Murphy 2006）则沿着另一条脉络，在非家居的办公室环境中思考了建成形式的物质性以及新的涉身化意识的形成。她考量了病态建筑综合征的出现，以及各种物质效应如何汇聚到一起，通过巩固其效应、通过女性主义上班族形成了一个新的一致性主题。

她讨论了男性主义和理性主义的规划与机器隐喻如何让位于新陈代谢式的规划，讨论了开放式规划的灵活性，在这些新的办公环境中，对于空气和人造物日益增长的控制与机械化将女性、少数族群和外包劳动力隔离开来；这些环境建立在反馈和灵活性的控制原则之上，服务于越来越灵活和流动的商业需求："后继的办公楼是对稳定的集中式通风系统的否定，它更青睐于通过批量化生产的部件进行更加'灵活'的安排，以适应不同的市场"（Murphy 2006：33）。

这种错位的结果就是病态建筑综合征，以及墨菲所指的促成了这种综合症状出现的"感知力体制"。它们是"感知和无知沉积下来的齐整轮廓，这些知觉形成于规训或认识论的传统之中，形成于其'感知力体制'之中"（Murphy 2006：24）。正如她所说，"建筑物作为一台机器，预设了另一种身体机器，后者就像前者一样在理想层面上进行运转。这样一来，对于人体的机器化解读就被建构到了建筑之中。所有的身体不论多么不同，都致力于达到同样的理想效率。舒适也同样是普遍的追求"（Murphy 2006：25）。

她还进一步提到："舒适的机械化生产——一个无味、无汗、优享的环境——在一栋办公楼中是建立在对建筑物和身体进行直接聚集的基础之上的"（Murphy 2006：34）。然而，这是如何普及开来的？又是基于什么标准呢？墨菲提出的是"ASHRAE❶ 62 号标准（1938），即最小通风量达到 15cfm"，这个标准来自于对中产阶级青年男性身体的实验室研究（Murphy 2006：27）。

但墨菲指出，女性主义的兴起创造了一种政治意识的模式，它十分关注于提高对女性身体的认识。低收入的办公室职员，主要是妇女，汇集在大型的、灵活的、开放式的办公室中，他们可以被组织成集体。墨菲认为，对于办公环境中盛行问题的反应，过去曾被认为"歇斯底里"、不值一提，但在女性身体意识提高后遭到了她们自己的反击。墨菲展示了多样化的物质呈现方式如何质询身体以及其与建成形式物质性之间的关系。在她的例子中，建成形式的物质性形成了一种机能紊乱的关系，导致了病态建筑综合征的生物医学性失调。

建筑物的物质性，例如"洁净"的闪光等，长期以来一直保持着治愈性的力量；现代

---

❶ 即 American Society of Heating, Refrigerating and Air-Conditioning Engineers，美国制热、制冷及空调工程师协会。——译者注

主义建筑反射性的、透明的、明亮的白色表面可以驱除疾病，起到治愈作用。菲奥娜·帕罗特（Fiona Parrott 2005）通过精神病医院环境中建成形式的物质性，观察分析了这些尝试治愈身体和灵魂的行为有哪些局限性。帕罗特提到，这些单位中的大多数居住者除了在精神上有疾病之外，还被证实有各种各样的暴力犯罪。在这些机构中，室内装饰是家庭性营造的一个部分："沙发，桌子，宽屏电视，碗装水果和植物"以及"柔和的灯光和柔和的油漆被认为具有'平抚效果'"（Parrott 2005：249）。医院鼓励患者们携带自己的物品（需要安检）来让他们的房间更加温馨如家。但是，很多患者倾向于不做装饰，因为他们声称这个房间"并非长久之地"（Parrorott 2005：250）。就像帕罗特指出的那样："从隐喻意义来讲，把装饰物固定在这些房间的墙上也就是把这些人固定在了这个机构里"（Par-rorott 2005：250）。有一位女士有一张狗的照片，但却并没有展示它："这里不是我的资产。如果这是我的家，我会把它挂在墙上"（Parrorott 2005：250）。与共享领域的舒适度相比，单个房间明显就显得很贫瘠了："通过拒绝在机构里进行'家居化'的装饰，病人们始终保持着即刻出院的希望"（Parrorott 2005：250）。用她一位报道人的话说："张贴装饰当然好，但是我并不想搞得看起来我要在这里待很久一样。我想要让它看起来……我也不知道，像是我暂时的家。直到我有一套自己的公寓"（Parrorott 2005：251）。关于如何使用和装饰这些空间的决定，是根据必要性和功能来做出的。所有东西都是被支撑起来的，而不是固定在墙上："时候一到就离开它，这里不是我的家"（Parrott 2005：252）。

帕罗特指出，人们喜欢谈论软质家具和其他与家有关的物品，但是只有当他们被释放出来、想象他们未来在外面的家园时才会这么说。特别是对于女性来说，她们由于监禁而失去了家，这是一件非常痛苦、有时甚至是令人潸然泪下的话题："这里不是我的家或是我的房间，这里只是一个停留的地方。家里有我的女儿和伴侣。我会在家里做很多工作。我给家里买了很多东西。它曾经是我的家，但以后再也不是了"（Parrott 2005：253）。病人们可以保留他们的公租房。但是帕罗特提到，工作人员的建议恰恰相反，他们认为这是公共资金的一种浪费。一位女士"经常使用她的陪护假期……回去打扫公寓。她非常注意，从不把公寓里的物品带回医院"（Parrott 2005：253）。帕罗特指出，人们更加重视服装，因为借此可以确认与外面的生活以及家人朋友之间的联系。服装并不代表任何种族或其他社会身份的认同；它主要表达了与机构外部的联系以及对机构的反抗。

这种对于物质及其社会效应的抵制，以更加引人注目的维度出现在梅里（Merry 2001）对夏威夷"空间治理术"的讨论中。梅里讨论了通过空间的"管理"来进行控制的问题，"通过迁走看似危险的人群来形成对城市居民来说安全的空间"（Merry 2001：16）。这包括使用限制令、将其作为管理人群秩序的法律手段，包括以新颖的、更非物质的方式构建空间，而不是以福柯式方法传统中那种高度物质化的、圆形监狱式的语境来构建。梅里明确地强调，改而用一种"非物质"的、后福柯式的方法进行社会与空间的控制——这种方法明确地关注个体通过空间、通过对法律工具的创新性使用而发生的迁移和流动。建成形式的物质性就经验上来说明晰而稳定，此处却在法律和官僚统治工具相对非物质化的呈现方式中被深刻地进行了重置：即那张临时限制令的文件。梅里描述了这一创新手法更为广泛的影响：

纪律管控侧重于通过监禁或治疗对人进行监管，而空间机制则集中于通过排除攻击性行为对空间进行管理。对于空间形式的管控，其焦点在于隐藏或取代攻击性活动，而不是消除它们。他们的目标是人群而不是个人……个体的罪犯没有得到处理或改造，但特定的公众群体是受到保护的。其逻辑是分区而不是纠正（Merry 2001：17）。

穷人是宵禁和限制令的针对人群（Merry 2001：26；26），在塞泽·洛所描述的另一种截然不同的物质呈现方式中，他们正是那些门禁社区所防范的人（Merry 2001：18）。

追随西蒙（Simon 1988）的研究，空间治理术在梅里的分析中已经从福柯式的、圆形监狱的类型发展到了"一种20世纪晚期的、后现代的社会控制形式，其目标是使用精算技术的人群"（Merry 2001：18）。梅里进一步提到（Merry 2001：20），它创造了自我管控的个人，它造就人们的选择意识，鼓励人们对应性地采取行动，而不是直接进行规训和管控。在这里，"消费作为一种形成身份认同的模式"（Merry 2001：19），与更廉价地进行治理的需要契合在一起。梅里指出，"公民被教化、并拉拢进入了个人目标和机构目标的联合体，这就形成了罗斯所谓的远距离统治的现象"（Merry 2001：20）。

这是迈向"规训和自我管理"的一步（Merry 2001：21），它让人想到早期的形式，但却是以新颖的、非物质的方式呈现出来：法律文书代替了"砖和灰浆"。如梅里所说（参见Simon 1988），安全性关注的是把风险降至最低，而不是像对待福柯圆形监狱中的囚犯那样去进行改革（Merry 2001：20）。在性别暴力方面，梅里指出，安全性暂时地保护了受害者，但并不改造罪犯（Merry 2001：23）。临时性的限制令只能做到这些。这种创新性的官僚和物质技术以两种方式发挥作用：它控制穷人，但也保护妇女（Merry 2001：26）。它是混合治理形式的一部分，在背后支持它的是惩罚以及新的空间控制形式。正如梅里所说："这不是一种进化关系，而是一种交叉关系。空间控制技术专注于安全性和风险管理，它与惩罚和规训的形式密切相关"（Merry 2001：26）。正如梅里观察到的那样，这些做法通过全球化进程和新自由主义统治的需求，从世界的其他地方一直蔓延到了夏威夷，它看起来对于选民和减少成本来说十分有效。在夏威夷，对于性犯罪人员的控制从传统的福柯式空间观念和物质形式的权力转向了一种对于身体、物质和空间混合性的、不确定的配置（Merry 2001：26）。

2

帕罗特（Parrott 2005）和梅里（Merry 2001）所描述的制度环境，暗示了晚期资本主义环境中建筑形式之物质性的某种衰败。这种物质性的衰败，早已被法律学者乔纳森·西蒙（Jonathan Simon 1988）注意到，就像梅里（Merry 2001）在他对新兴的精算实践的研究中所讨论的那样，如他所说，由于社会政策与法律中对社会风险的重置，对于形成主体性的社会规训进行物质与空间方面的福柯式研究正在变得越来越无关紧要。这标志着行使权力的方式以及主体建构权力的方式，从福柯那种集中的、广泛的规训制度——需要大量的物质与经济投入（监狱、城镇规划等等）来规训和形成新的主体性——转向了一种新的"精算制度"，人们的行为通过预测和调解，可以用临时性禁令等法律工具进行管控（Simon 1988：773—774；Merry 2001）。西蒙主张，这体现了从个体向人群的转换（Simon 1988：774），即一种更加灵活而且相当程度上更加非物质性的实体。西蒙提到，社会越来越依靠这些新的社会"集合"所具有的无实体、去空间化、非物质的特质来组织，这些特质使得个体之间要形成共同的目标和意图变得极度困难（Simon 1988：774），就像过去传统的马克思主义方法所描述的那样。这些规训形成了新的主体性，以抵抗国家权力的行使，它们相互间是无法协调的（Simon 1988：793）。这些精算实践对绝对权力以及策略性精粹主义❶的正统性、连贯性身份形成了挑战（Simon 1988：787）。西蒙主张，"精算实践所形成的表现形式，例如保险单位等，将我们置于一种文化空间之中，它甚至比我们在20世纪大多数时候所进行的官僚化规训实践更加疏离和消极"（Simon 1988：787）。这些新的精算类型非常易于通过国家权力机构进行操控（Simon 1988：789）。就像西蒙提到的那样，传统所具有的分量形成了一种"道德密度"（涂尔干），把物质性的某些形式物质化了；而在新的精算制度中，这种道德密度被"弱化"了（Simon 1988：793—794）：我们从高度物质化的、密集沉积的、"坚固"的圆形监狱转向了相当非物质化的、"流动"的精算表。简而言之，呼应爱德华·阿瑟·汤普森（E. P. Thompson）、用西蒙的话说就是："精算实践不是造就人，而是消解人"（Simon 1988：792）。主体性通过一些条件被去物质化，这些条件意味着，在对建筑形式的物质效应进行研究时，需要对物质性的细微差别、物质性发生作用的形式、它与临时性禁令等其他非物质技术的重叠（Merry 2001），以及它们的建构性效应比过去加以更多关注。

这样的情形就要求我们在思考物质形式运作的呈现方式时要转变思维方式。梅拉妮·凡·德·霍恩（Melanie Van Der Hoorn 2005，2009）在她对维也纳高射炮塔的分析中就提供了一个例子，展示了就坚固的纪念性形式那看似不可调和的特性而言，传统观念是如何运作的，回应了此前本德尔对于巨石阵的观察和雅洛瑞关于雅典卫城的观察。这些巨大的混凝土掩体是纳粹军队在第二次世界大战期间建造的（图21），它们容纳了各种装备、弹药、艺术品、医院、厂房，以及高级纳粹官员和平民的遮蔽所（Van der Hoorn 2005：116）。炮台是完全独立的，有自己的供电和供水。在第二次世界大战之后，这些建筑物通常都遭到人们的厌恶，因为这些庞然大物让人们痛苦地回想起奥地利的被占及其与纳粹政权的勾结。在战争结束时，它们被清空，里面所有东西都作为废品出售，但是建筑物本身太过庞大和坚固，难以拆除，因此就留了下来。它们物质上的存在，不断地提醒着那段暴力、破坏、占据与勾结的历史。凡·德·霍恩提到，在这些炮台的大部分历史中，几乎没有任何关于它们的公共性讨论。它们在城市地图上不被标注，也没有任何明信片展示它们。摄影师把它们裁掉或者修饰掉，避免出现在画面的视野中。高射炮台这个词在奥地利国家图书馆的搜索系统中甚至都不作为一个类型存在（Van der Hoorn 2005：119）。保护建筑登记办公室也对其不感兴趣。纪念物注册部门的主管提出，它们既然无法被拆除，就不需要被保护："这些庞大的建筑因为其纪念性而真实地留存下来，它们无法被摧毁，因此是不是把它们登记入册也没有什么区别"（Van der Hoorn 2005：120）。关于到底有多少高射炮台、它们到底被用于什么用途，甚至在建筑历史学家或遗产专业人员中都没有形成共识。就像一位建筑师所说的那样，"这些高塔是禁忌。人们对它们视而不见；人们驾车经过它们却当它们并不存在，它们不再受到人们的关注"（Van der Hoorn 2005：120）。这些炮台就像是去不掉的污点，看起来无法摧毁，呈现出一种几乎是"原始"的特质。凡·德·霍恩如此引用塔博尔的话："人们不

---

❶ 即 strategic essentialism，指一种政治策略，使不同的民族群体基于共同的性别、文化、政治身份来呈现自己。——译者注

喜欢它们——但是又几乎没人要拆掉它们。人们不使用它们——但是又不想没有它们"
（Van der Hoorn 2005：122）。尽管有诸多要改造这些炮台的提案，比如用其他建筑物围
上它们，或者把它们改成博物馆，或者把它们用作大型纪念性雕塑的台基，甚至作为巨
型广告牌，但是没有一样得以实施。不过也有一些例外，例如在维也纳的城市肌理中就
有一座高射炮台正位于其他建筑物的中间，它就被改造成了一面攀岩墙（Van der Hoorn
2005：120）。人们确认了它作为地理特征的基本特性，抹去了它作为纳粹时代人造物的
含义，用色彩鲜亮的攀岩握点将其覆盖，在有限的程度上把它变成了一面极限运动爱好
者们的崖壁（Van der Hoorn 2005：121）。通过这一手法，人造的纪念物就变得自然化
了，它变成了攀岩爱好者们的崖壁。

图 21 维也纳的高射炮塔。来源：Lucaderoma, Dreamstime. com。

凡·德·霍恩认为，它们的这种坚持无论多么"微弱"，都是一种思考改变的途径——
对过去、对历史的改变（Van der Hoorn 2005：130），是一种开放性的乌托邦式的思考。
她观察到，这种坚持以其微弱的形式悬浮在摧毁、忽视、遗忘和彻底改变之间，以一种可
以模糊辨识的、局部的、非确定性的物质化方式悬浮着。因此，它们一直在提供一种思考
方式，即思考如何去改变奥地利社会的历史与未来。在战后时期，它们是奥地利民族在纳
粹占领期间之受害者地位的一个证明（Van der Hoorn 2005：123）；但在近期的学术研究
中，它们却成为奥地利社会面对自身在战争期间勾结纳粹这段过往的一种方式。凡·德·
霍恩提到，自 20 世纪 80 年代起已经有了越来越多的讨论，考虑了各种不同的提案、去处
理这些介入其中的结构；但是这些提案都倾向于把它们和愉悦的、嬉戏的概念（艺术平
台、攀岩、商业广告、赌场、咖啡博物馆等等）联系起来，从而抹去这些结构和它们的历
史意义（Van der Hoorn 2005：129）。通过类似于情境主义者的变轨❶的运动，它们的物
质形式、即不可移动的混凝土那看似不可调和的特性又一次被进行了微妙的重置，从庞然

---

❶ 即 détournement，在法语中意为改变轨道，是"字母主义国际"（Letterist International）这一团体发展出来的
概念，后被"情境主义国际"（ Situationist International ）这一组织所使用，其意为将过去或现在的艺术产出整合到一
个更加高级的环境构成中去。——译者注

大物变成了嬉戏之地，从人造之物变成了准自然物。这些形式所具有的不可调和的、过度的物质性——可能会因其内在矛盾冲突的投入而把它们变得非常持久和顽固——可以基于其所形成的纪念性而进行微妙地转换，从一种内生的、经验化的坚固性转而被建构和重置为准自然物，继而从这些不可移动的形式所特有的痛苦和矛盾的体验中解脱出来。

3

　　城市社会学家萨斯基亚·扎森（Saskia Sassen）已经察觉到了 20 世纪晚期和 21 世纪早期城市环境中的新技术所产生的特殊影响（Sassen 2006：344—347），以及我们在数字化情境下可以如何理解对于建筑形式之物质性的传统解读。她分析了我们可以如何开始认知诸如 19 世纪的办公楼这样的事物，它在那个时代是为了进行商业活动而有意识建造的，可如今，当这样一座建筑被"联网"后，它正在城市、国家和全球化空间的观念下被彻底重置（Sassen 2006：346）。一种语境中的"砖和灰浆"，在另一种数字化经济的语境中会成为完全不同的东西（Sassen 2006：345）。但它们在表面上是很难分清的。一栋在早先全球化殖民经济兴盛之时在伦敦建立起来的 19 世纪的办公楼，看起来可能是一个相当稳定的实体——但是，外表是极具欺骗性的。我们对于 19 世纪那些服务于阶级生产、性别生产以及空间领域层级之生产的隔离性工作空间所具有的效力十分熟悉，各种知识以及更广泛的殖民与经济的不平等性都在这一环境中得以维系——如同墨菲就病态建筑物综合征所提示的那样。然而，如果我们根据扎森在当下全球化情形下所提出的条件来考虑这一点的话，那么数字化就彻底地转变了这个语境中在直觉上就能直接把握的物质能力。24 小时的经济市场、即时性的沟通以及新的经济交易与经济手段扩展了"砖和灰浆"以及在其中所形成的传统的人与空间之阶层，使其变得十分动态，完全超出了原先建造这些空间的工匠们的控制和预见（Sassen 2006：375）。类似地，扎森提到，在全球化与数字化的经济市场中，这些看似坚固的形式在某种程度上其实更为"流动性"（Sassen 2006：345），可以说，即时性的、时空压缩的数字化全球经济市场把时间和空间中那些坚固的东西变成了"可分"的东西。如扎森所说，建筑物本身是一种流动的房产，它以传统的物质方式于顷刻间固定在时间和空间中，让我们可以探访、进入甚至在其中工作；而且，这个砖和灰浆构成的实体还被进一步扩展，就像流动资产一样在高度流动的经济市场中进行全球流转（Sassen 2006：345）——因此，不论是它近期的还是远期的命运都与这一"砖和灰浆"的集合之即时性的、为物质所绑定的未来密切相关。我们单就美国抵押信贷市场近期的危机，以及这一危机在欧洲金融衍生品市场中所造成的漏洞，来看看这些在数字化全球新经济中产生的衍生市场所造成的极度短暂和流动的效应，是如何与看似坚固的"砖和灰浆"、与美国各地和世界其他地方社区的物理性瓦解与退化紧密联结在一起的。类似地，在这一空间里，办公室里的员工们一直都通过因特网、电话和电脑屏幕与世界各地的同事们保持着联系，唯一约束他们工作的只有时区；而与此同时，他们也和办公室里以及邻近的同事以更加传统的、身体性的、面对面接触的方式进行互动［Sassen 2006：346；参见 Nigel Thrift（2005）关于"屏幕性"的讨论］。这一"砖和灰浆"的集合最初由建筑、城市和民族国家的传统边界所塑造，此时却遭到了深刻的动摇，变得不再确定：它们可以在即刻间变得非常地方化或是全球化，这混淆了他们自身所意味的情况，也混淆了存在于这样一个环境中的意义（Sassen 2006：375）。更重要的是，我们如何认知环境并与之互动——在视觉上和触觉上通过电脑屏幕和键盘，在听觉上通过电话和街角或大厅中的面对面接触，或者在视频会议室中进行更加虚拟的接触——彻底地重置了我们在城市环境中进行认知和互动的诸多不同方式及其组合，这就引起了之前詹明信就后现代物质形式所提到的那些焦虑。正如扎森所说，这些地形之间的互动是很难用地图绘制的（Sassen 2006：346）；实际上，它抵制大部分此类传统绘图行为的尝试〔尽管 AlbenaYaneva（2012）近期的工作提出了一种替代方法〕。

经常被人们忽略的是，在这种新奇的环境中，我们通过各类感官进行的身体参与，以及我们作为有知觉的、有知识的人被建构起来的多种方式遭到了深刻的挑战，就像詹明信指出的那样，这意味着一种新的感官机制形成了。从历史和人类学的角度来看，我们的涉身化感知能力一直都在随着新技术的发展被不断地彻底重置，就像马克思就这些感官的理论和批判能力所评论的那样。关注感官的人类学家们早已注意到，不同群体之间的接触和新技术的引入会创造新的能力，同时也会使一些能力丧失，从而产生新的知觉性知识，而它们常常会让旧有的知识变得无足轻重（参见 Howes 2004；Classen and Howes 2006；Edwards et al. 2006）。这些人类学家谈论兴起的世界性知觉（Edwards et al. 2006：15）；谈论多样化的、相互矛盾的、不断变换的知觉层次，它们逐渐累积、转变和沉积，我们则在这其中、在不断扩展的世界性知觉中建构自己和我们的生活——就像常常描述的那种转换一样，从中世纪西方那种更为涉身化的、基于听觉-语言的感官机制转向我们晚近的这种更加离身性的、以视觉为中心的机制（参见 Ong 1967；Crary 1992）。因此，可以说对于这些多样化的知觉，以及它们在其中所产生、扩展和促成的各种不同能力而言，城市本身就是它们的一种世界主义的联结。

扎森描述了一种技术的层叠（Sassen 2006：345）及其对全新而不断扩张的城市感官机制所产生的重要影响。这一物质层叠的观念假定，某些物质实体的存在是先验性的，在其中，"每个实体都维系着其独特而不可化约的特征"（Sassen 2006：345）。然而，科学哲学家卡伦·巴拉德并不把这些实体看作是"不可化约"的元素的层叠，她对这一情形提出了十分不同的解读。她将其描绘成不同实体之间的内在互动，这些实体十分多样，包括物质的和非物质的、关乎或无关乎人的，它们构成了这个新的环境。巴拉德提供了另一种关于这类城市空间的观点，不过是从一个不同的角度、即所谓的非地点角度来阐述的（Auge 1995）——这在此处的例子中，指的是 35000 英尺的空中（Barad 2007：223）。根据这里的释义，她描述了一个环境：一位乘客坐在飞机上，位于纽约和伦敦之间的某处，他可以从前面乘客的座位背后放下折叠桌板，在上面通过一台电脑与悉尼（可能是另一栋十九世纪的办公楼）的另一台电脑联络，把钱从一家瑞士的银行转到中国一家工厂去进行商业风险投资。如巴拉德所说："随着鼠标的点击，空间、时间和物质在这一半人半机器的'处理'中相互重置，这一行为逾越并且修改了人和机器、自然和文化、经济和话语实践之间的界限"（Barad 2007：223）——而且就像人们想象的那样，既以多种多样的方式影响着浙江的纺织工人家庭，也影响着坐在飞机前排的乘客咯咯作响的座位。巴拉德的"内在互动"（intra-action）概念（Barad 2007：33）十分有助于解释这样的现象如何兴起，如何在"内在互动"的环境里产生，以及它们具备怎样的能力，而不是像扎森那样把它们看作先前既有实体的混合。就这个复杂的实体联结中发生的每一次转换，巴拉德揭示了所有元素是如何被重置的；就它们新产生的能力而言，这与它们的过去、诸如十九世纪城市办公楼的情况十分不同。巴拉德主张，诸如物质工艺品、科学事实、性别和社会制度等这些事物，是在"物质-话语"和"内在互动"的环境中产生的。种族或者性别这样的实体并不高于这些环境，事实上，它们恰恰产生于其中。更进一步地，她观察到这些实体（例如一栋办公楼，一处邻里，一次性行为，一个种族，或是一个原子）是错综复杂的"物质-话语"之现象的结果，后者包括了一系列内容，从短暂的论述到其他物质上"顽固的事实"，为阿尔弗雷德·诺斯·怀特海德提供了释义（Barad，2007：224）。巴拉德展示了既非物质也非话语性的既存事物；这两者都是通过"内在互动"而产生的——它们在相互依存中兴起（Barad 2003：802）。我们通常所指的"事物"或者离散的实体——诸如常理性的，一栋建筑；或者不那么明显的，一个社区或者性别身份——都是通过物质性的"内在互动"而产生的各不相同、错综复杂的现象，物质性地、话语性地交织在并不均匀的权力关系之中（Barad 2007：224）。因此，我们所理解的既定的物质性，是一种特殊的、物质性的、话语性的"内在互动"行为的结果，其中"话语"实践和"物质"实践彼此建构了对方（Barad 2003：820），形成了新兴现象的一部分；而其不可调和的物质性与过度性，就像前面所讨论的那样，成为矛盾而又混合的信奉所产生的"效应"（参见Rouse 2002）。

　　然而，巴拉德的"内在互动"概念通常发生在相当固定而具体的环境中，与特定的实体相关，对于解释"内在互动"的诸多不同环境和不同实体之间的关系并没有太大帮助。她的研究范畴是去解读建构一种特定现象的"内在互动"——例如量子物理学，或是涌现出来的阶级与性别身份（Barad 2007：224—230）。它并不涉及关注感官的人类学家们所论述的那些多重性的、明显不可通约的、多样化的现象，以及实体和世界性知觉——尽管她的见解经过有益的扩展后其实可以做到这些。

　　相反，我在这里想要揭示的是一种涌现出来的、关于任意妄为、不断扩张之感官机制的世界主义，用巴拉德的话说，这种机制涉及"物质-话语"的"内在互动"，性别、阶级、种族、国族都形成于其中。就是说，对于性别、民族、阶级等等这些，人们都可以在约束或促进下、在某种"物质-话语"的感官重置中进行"操作"；这些"内在互动"并非表现性的，而是"建构性"的（Barad 2003：817，2007：146—147）。我在此处有意地使用了*多样化*（diverse）这个词，并始终牢记着它在意识形态上的转折（参见 Groys 2008）。当有人谈论城市中经常可以观察到的多样性时，并不仅仅意味着不同的移民群体或者民族，或是文化的"多样性"——新自由主义的统治会从可经营资源的角度来理解它们（Groys 2008）——同时也意味着多样化的、世界性的感官机制，根据巴拉德的说法，身份认同就是在其中通过"物质-话语"上的"内在互动"而维系的。

　　就在像扎森和巴拉德提出的案例中那样，我们通过崭新而无法识别的方式来增进自己的能力，增进对于这些不断扩张的感官机制的承受力。人们无法把某一种方式消解为另一种，甚至无法说任何一个元素具有更优的整体性，就像扎森在她对"重叠"（imbrication）一词的定义中所暗示的那样。我们所拥有的是一个世界性的"内在互动"环境，在其中不断地发生着"内在互动"之感官机制的转换、形成、竞争、稳固，有时还包括失败，发生这些的物质环境会在即刻间变得十分复杂；而且这越来越成为一种方式，让我们去解读和调和扩展的、多样的、空间碎片化的城市生活。不过，这并不像人们想象的那样开放和混乱。19 世纪办公楼中的"砖和灰浆"留存了下来，但是其"内在互动"的环境，就其物质性和复杂的感官机制而言是世界性和发散性的。此处很有必要提及发生这种世界性的"内在互动"的物质感官机制，它以各不相同但却条理清晰、绝非武断的方式发生着变化、发展和转换，既促成一些能力，也消弭一些能力。这类似于爱德华、格斯登和菲利普（Edwards, Gosden and Phillips 2006：15）所说的，随着殖民主义和资本主义扩张的兴起，"对于感知的世界性教育塑造了我们所有人"。

考虑到扎森和巴拉德的例子，就办公楼、邻里和整个城市这样的机构的物质情况而言，有哪些东西需要进行再思考呢？这些世界性的感官机制汇聚在同一个城市环境中，在发散性的、不断涌现的、几乎无处不在的、"物质-话语"的"内在互动"之语境中被塑造出来。但是，它们并不相互一致，在个体生活以及地方性的、多样化的分散社区上也具有不同的影响。这些复杂的世界性感官机制，在貌似十分地方化的矛盾冲突中却位于核心地位，这一点从深层意义上来看是十分政治性的。而且有一点很清楚，对于这些环境必须要采取一种更微妙得多的方法，考虑这些感官机制的复杂性——要去关注涌现出来的差异，而不是将其看作既存的、不证自明的东西；它们彼此之间不仅仅是象征性地、话语性地、物质性地可以化约，而是在特定的"物质-话语"环境里"内在互动"（追随巴拉德）。我们需要去留意崭新而多样的世界性感官机制和它们特有的能力，还有它们在全新的尺度上扩展、形成和表达所涌现出来的差异的能力，以及它们的配置。因此，我们需要新的方法来描述它们，通过对它们的描述来更加公平、公正地影响其呈现，我们需要关注这些现象通过哪些方法促成或是消解了涌现出来的个体、群体和社区。这其中，人类学与社会科学具有独特的定位，因为它们的民族志方法、折中主义方法十分关注此类城市环境中的涉身化个体和私密性社区；这些方法在人类学微观分析尺度下的"物质-话语"环境中梳理了世界性的感官机制，它们既维系于给定地方性社区的层面上，也存在于更高的复杂不对称关系中。

4

如同劳斯所提出的那样，既定形式所具有的不可调和的、过度的物质性可以看作是相互冲突的"信奉"所造成的人为"效果"。或者像福柯针对圆形监狱所指出的那样："与监狱有关的网络构成了这种权力-知识的甲胄之一，这些权力-知识让人文科学在历史上得以可能。可知的人（无论如何称呼，灵魂、个性、意识、行为）都是这种分析性投入与控制-观察的客体及效果"（Foucault 1977：305）。

但是，这些信奉可以转换和重置，来取代它们过度的物质效应。高射炮塔以及更早的一些例子——巨石阵，帕提农等等——把注意力吸引到了对这些不可调和的物质性进行重置的那些微妙而有效的方法上。扎森提出的"砖和灰浆"的数字化，西蒙提出的精算实践的那些非物质技术，临时性禁令等法律工具产生的新奇效果（Merry 2001），以及巴拉德提出的"内在互动"方法，都揭示出了对看似不可调和的形式进行重置的新颖而多样的方法，都标示着新的集合的出现，也标示着多种同步呈现方式的转变。各不相同、有时甚至相互冲突的社会效应，可以对那些看起来十分明确的东西进行重置与还原，哪怕它们在经验上来说具有纪念性，不可移动、坚不可破。

第 5 章　消费研究与家庭

1

第二次世界大战后消费方面的研究路径随着一些潮流出现，大量关于消费与家庭的文献来自三个领域的交叉：马克思主义分析、女权主义批评以及广义上的消费研究的兴起。在马克思主义传统里，居住以及日常生活的情状对于更广泛的社会分析而言，是基本的构成条件。摩尔根在《美洲土著的房屋和家庭生活》（Houses and House-Life of the American Aborigines）[Morgan 1965（1881）] 中罗列了日常生活、家屋以及家庭生活的情状。更重要的是，就像他本人所强调的那样，在马克思式单线进化论的框架下，对摩尔根式观点的理解，确立了居住以及日常生活作为社会及技术发展索引的重要性。如前所述，马克思和恩格斯是摩尔根著作的忠实读者，他们从中学习到了通过物质条件来理解更广泛的社会生活和技术进步的方法。他们从摩尔根那里继承了以下观点：一个时期的社会机制是特定物质及技术条件的产物，物质基础的改变会带来社会生活的变革。更重要的是，摩尔根的著作表明社会不平等是历史性的，由物质生产关系所决定。就像摩尔根结合北美的案例讨论"生活居住的共产主义"时所阐发的那样，生产关系经历了历时性的改变。正是各类社会形式的历史本质启发了马克思和恩格斯 [参见 Engels（1940）的前言]。

恩格斯在其《家庭、私有制和国家的起源》（Engels 1940）中有一个著名的结论：性别不平等是特定生产模式和社会组织的结果。人们常常引用恩格斯这一关于 19 世纪家庭生活和性别不平等的评判。他观察到："在家庭中，丈夫是资产阶级，而妻子是无产阶级。"（Eagels 1940：79）在早期女权主义以及早期马克思主义共享志趣的条件下，二者拥有了共同的目标和分析框架。在斯大林主义兴起之前的早期苏维埃政权，以及第二次世界大战后的西方，女权主义和马克思主义分析一度走得很近。

恩格斯对英格兰工业城镇居住条件的分析，深刻地影响了对资本主义工业化结果的评估以及相关的改革建议。早期的 19 世纪女权主义者（Hayden 1981）也会研究家庭以及家族组织，以探索把女性从父权家庭解放出来的方式。因为有了这些研究，一系列建筑和社会改革的意见才被人们提出来，以实现更加平权的未来（参见 Hayden 1981；Spencer-Wood 2002）。早期苏维埃政权是第一个革命性的马克思主义社会，或许只有这样的社会条件下，无产阶级解放和妇女解放才能携手并进。在此期间，社会和建筑改革者设计并实施了多种方案来实现双重解放的目标，这个路线直到斯大林时期才被边缘化（参见 Buchli 1999）。在西方，这些努力一直到第二次世界大战后才重新出现，那时恩格斯文本里偏向女权主义的面向得到了重新发掘 [参见 Evelyn Reeds 对恩格斯著作 1972 年版本的介绍（Engels 1972：21—22）]。也是在那个时期，各类马克思主义批评在资本主义的西方社会方兴未艾。

在第二次世界大战后的情形下，"家"再次引起了人们的重视。因为家是女性不平等以及资本主义社会内部消费主义不平等的病灶，也是解决问题的落脚点。在这种背景之下，传统上占据民族志田野工作核心的对于家庭和亲属关系的思考，成为检验性别和社会不平等之弊端的重要工具。这种检验在西方社会和非西方社会的民族志主体中都是有效的。在战后语境里，两位人类学家脱颖而出：一位是皮埃尔·布迪厄（Pierre Bourdieu），他对卡拜尔房屋相关的家庭生活、惯习的研究得到广泛赞誉（Bourdieu 1977）；另一位是玛丽·道格拉斯（Mary Douglas），她的消费主义研究以卫生，尤其是家庭中的卫生为重点。在家庭中，卫生观念被看作一种规束性操作，对于维系社会和性别区隔以及宇宙观分类而言，都意义重大（Douglas 1970b）。

在这样的背景下，我们有必要深思战后时期的消费研究的重要性，连同马塞尔·莫斯（Marcel Mauss）的礼物理论的角色，以及该理论诞生的具体背景。玛丽·道格拉斯在给莫斯的《礼物》（The Gift）写的前言（Mauss 1990）提供了一个批判性的论纲，述及 20 世纪早期西方资本主义面临的问题、马克思主义的兴起，以及 20 世纪 20 年代苏维埃社会主义的胜利。道格拉斯认为，莫斯于 1923 年为《社会学年鉴》（L'Année Sociologique）写就的论文，有重新思考现代资本主义异化效果的一个宏大诉求。莫斯强调社会纽带和关系的重要性，而这些社会纽带和关系被资本主义生产拆解了，因而马克思、恩格斯对其进行了有力的批判。如果说苏维埃社会主义是一种为了重申交换的道德基础而将资本和劳动社会化的尝试，《礼物》就是一种资产阶级自由主义派的尝试，试图在资本主义条件下维系社会契约。围绕着工业化许诺的社会生活所需要的公平条件，苏联和美国这两大工业经济体存在着基本的分歧。第二次世界大战后英语语境的"礼物"研究，则是脱离了这一分歧的冷战产物（参见 Marcuse 1958）。它围绕非工业社会中的交换，讨论非西方的道德面向，这些讨论往往是去政治化以及去语境化的。

然而，这个文本引出了交换的道德语境，对于重新审视战后消费主义有奠基性的意义。重新审视的实践聚焦于家居消费的语境，和经济消费主义的异化效果相对立。消费主义的人类学叙述并不侧重于反映西方消费经济对参与者的麻醉，而是倾向于观察资本主义社会里各类道德正统性如何在一定条件下被制造出来。

丹尼尔·米勒（Daniel Miller）以及他的学生对于消费的研究颇为突出（尤其是 Miller 1987）。米勒（Miller 1988）对于廉租房厨房的研究论文直接讨论了家庭里的消费实践，以及对家的物质性的操作，如何制造了相应的地方性道德秩序。不去装饰厨房的人，以及在消费者驱动之下挪用政府廉租房的行为，可以看作是不合群的人格或行为，从而无法参与构建社区家庭道德秩序。而对于厨房和消费者物品进行配置能够促成这类秩序。类似的，家户研究（household studies）试图理解家庭里女性的作用，特别是家务劳动的议题，并把这些议题看作家庭生活例行日常活动的集中体现，以及社会弊端的症候。人类学家非常适合将自己浸没到上述关系之中，并提供有说服力的分析。

有关消费行为的物质性以及使用语境的研究，倾向于优先考虑家户和个人的行动，即消费品和内部装修改换，而不是建筑外壳本身；建筑是国家和更大范围内的经济所涉及的领域，而非个人和家户的范围。而在移民、移民资金流动、移民房屋建设以及其他自我建造的传统的研究中，情形就很不一样。因此，消费主导的路径是以建筑形式分析的缺失为代价的。空间语境、空间布置和它的等级是无所不在的，但是建筑形式本身、它的物质特性以及造屋过程，被消费研究边缘化了。焦点转向了墙里面发生的事情，而非墙本身。上述情形有一个简单原因：在工业时期和后工业时期，多数西方家庭的房屋并不像乡土建筑传统（不管是在西方、非西方还是移民语境中的乡土建筑传统）那样由其居住者建造。只有少数精英会委托建造者或建筑师为自己建造房屋。在这些研究中，出现了一种存在于建筑形式和生活经验之间，外壳和内容之间的对立张力。在统治和抵抗的范式下，有一对矛盾一直存在：一方面把建筑形式看作是政治和经济力量的范围；一方面又把内部空间的使用看作对统治模式的侵占或反抗。存在一个针对上述思路的诉病：它预设了个人和国家的利益先于 20 世纪西方家庭和物质生活的语境而存在。后来的研究并不强调这些利益之间的紧密连接天然存在，而将其认作是家庭等社会机制互相妥协、相互影响后的结果（然而在有效权力的分布意义上，这种服从并不对称，家庭生活的物质条件愈发成为连接结点，塑造着家庭生活结构、性别和性以及更广泛意义上的权力利益）。

2

瓦尔特·本雅明对包裹在天鹅绒里的资产阶级家庭展开过引人入胜的描述。他的描述昭示了在建筑形式的人类学研究中，长期占据统治地位的"化石比喻"所具有的力量。这种比喻偏重于知识的视觉中心形式，即家庭是可以被扫描和阅读的，也可以被确认、评估和诊断。照相术的出现和住宅室内的视觉分析携手并进，这种分析就像是居住者的肖像或者说"化石"化的结果。更宏大的语境和建筑轮廓则是不确定的，因为在分析者非实体性的目光下，建筑的表面缺失了。契克森米哈伊和罗克博格-霍顿（Csikszentmihalyi, Rochberg-Halton 1981：138）能说出"腹足类动物"和"贝壳"这类从语言学上来讲源于符号性和结构主义的分析，证实了家庭分析的"阅读"属性。

当然，这些分析面和居住空间的分析、评估和实践方式紧密联系。早期的现代主义改革者，特别是苏维埃建构主义者，把人工制品和非现代的室内外观视为一种特别的生活方式的症候，并设法祛除这些表面的物质化效果。在道格拉斯（Douglas 1970b）之前，更晚近的关于卫生和卫生观念的分析是在对家庭物质形式的描述、诊断和改革中产生的。厚重的窗帘，堆积的物品，非现代形式的精雕细刻，都被看作是藏污纳垢之地。在他们看来，白色的表面、易清洗的平滑设计、金属，以及大片的玻璃，确保了资产阶级住宅的物质特性及其附着的污垢——寄生虫和疾病——可以被清除掉。身体的健康只有在贮藏病原体的设计消失的前提下才能得以保障。对于苏维埃改革者来说，女人不再被要求持续和反复地做清洁工作。这些活动被认为是资产阶级的女性分工和洁净观的产物，也强化了资产阶级父权制下女性的道德人格观念。日常反复的习惯性行为，形成于某些特定形式的物质性要求之下，产生了和家庭、家屋、性别、社会生活之道德秩序相关的身份感和意识，而这些都和社会主义理念违背。相反，省却了重复清洁的习惯，意味着女人或许要从资产阶级的家务劳动中脱身出来，卷入更大范围的工业生产中去。然而，女性劳动力如此这般的体现，意味着与家屋物质性相联系的女性气质身份认同的削弱，出现更为中性和男性化的性别气质，挑战了既有的性别观念。从而上述趋向在斯大林执政后期，最终被拒斥了。

很多研究都说明了物质文化和消费主义对塑造两性，尤其是女性的建构性作用。关注设计的历史学家注意到，战后 DIY 文化的兴起（参考 Atkinson 2006）在家庭中创立了一种新的异性恋形式，男性和女性都在家中追逐着新的互补的性别分工。刺激感官的 DIY 劳动，促使战后核心家庭纯粹异性恋模式的价值观形成；通过日常劳作，劳动几乎建构了互补的两性角色。性别和异性恋正统主义，其实是一个活跃的、常被维护的、感官上的人工实践。

随着性别研究及女性主义批评的兴起，在欧美社会语境之外的研究中，哈丽雅特·摩尔（Henrietta Moore 1986）对肯尼亚马拉卡威特社会（Marakwet）的研究不失为一个良好的案例。她指出，家务劳动的物质性建构出了性别关系和社会的不平等，并且尤其强调住宅污垢的物质性及相关活动的影响。在摩尔的研究中，马拉卡威特农村社区里基本的家庭单位是由至少一对夫妻组成的院子。也就是说，有一个男性的棚屋和一个女性的棚屋，还有随着一夫多妻的婚姻制度建造出来的其他女性的棚屋。所以院子有自己的演化周期，它会随着丈夫和双亲的死亡、孩子的迁出而消亡（Moore 1986：92—98）。

摩尔分析的一个焦点，是马拉卡威特社会中垃圾在性别构建和调节性别不平等方面展示出的重要性（Moore 1986：111—120）（呼应了西方和苏维埃语境下对垃圾和家户维护的关切）。在这个案例里，对垃圾的区别对待，以及性别原型劳动的区分，在调节社会与性别的不平等里占据着核心位置。谷壳、灰尘和住宅中女性的活动相关联，羊粪则和男性活动相关联，二者截然分离。在摩尔的分析里，马拉卡威特住宅的建筑元素由家庭垃圾的处理所决定，它们的流向和管理与不同性别的活动有关，而这正是围护性别关系的关键。两种不同的垃圾被倾倒在大院的两端。把两者分离开来是十分重要的事情。将二者混合等同于搅乱社会和性别关系结构，会造成严重的问题。因此，通过处理这些物质垃圾，女性能够在不平等的父系权力结构里对自己的生活保持少量的能动性。

就像摩尔提到的，理论上来说，当女性被埋葬时，她们被埋葬在与其生前劳动相联系的垃圾——处理谷物所产生的谷壳——旁边，位于大院外面；男性则埋在他田园劳作中产生的垃圾——羊粪旁边，也在大院外面，位于右侧（Moore 1986：102—103）。按照摩尔的记述，这些根据垃圾产生出来的空间分隔贯穿于大院内外，区分了粪便/男性和灰/女性，也区分了男性棚屋和女性棚屋（Moore 1986：104—105）。

当地谚语认为不能混淆灰烬和粪便，混淆特别不吉，二者必须分离（Moore 1986：112）。摩尔分析说，这种分离是和两性之间固有的紧张对立相联系的，它涉及共同的物品、家庭和房屋。摩尔强调，尽管女性居于从属地位，尤其在涉及贵族的社会事务中几乎没有地位，但在个体家庭中女性被承认拥有极大的权力。一个成熟的女性和家庭的联系是很深的，这让她能够追求摩尔称作"家屋权"（house-power）的东西（Moore 1986：112）。一个女性最强大的、最具女性气质的、最成熟的位置是她在火炉边做饭时候的位置（Moore 1986：113）。这也是男性/公共/贵族和女性/地方/家庭在对待灰烬的态度上的分歧来源。所以按照摩尔的观点，灰烬经常代表一个个人化的趋势，与男人公共性的关注相反（Moore 1986：113）。谷壳虽然也是女性属性的，却联系到家庭单位以外的群体和社会活动，并对啤酒的生产非常重要，而啤酒对于男性贵族之间的关系维护又很重要。不过，由于谷壳"不是男性的"，也不是社会性的，因此它也对立于全然社会性的、公共性的男性物质：粪便（Moore 1986：114—116）。

马拉卡威特社会是父系的，男性被整合进村子持久、稳固的世系中，这种世系由家庭的庭院和畜牧业构成。畜牧业被认为是特别社会性的、集体的、永久的，也是男性化的活动。从外面嫁进来的女性被认为是临时成员，从而在本质上是个体化的存在，她们的活动聚焦于住宅单体的照看和维护。和女性活动相关联的灰烬被认为是对男性化气质的威胁（Moore 1986：117）。摩尔注意到，如果一个年轻女性拒绝婚姻，她可以利用污物的力量来反抗——尽管这只是偶然发生——在自己身上涂抹灰烬，"这一行为象征了她对'死亡'以及（或者）两性结合后不生育子嗣的意念"（Moore 1986：117）。人们可以通过在微观层次上操作规束性的物质，暂时性地重构马拉卡威特社会深度不平等的两性关系。摩尔的分析的核心，是对关键性物资之流动的管控——这些物资看似平淡，实际上却在性别化的社会生活中发挥了卓越的建构性作用，而居住的建筑环境则是这些物质资料生产并维系的关键场所。

正如莫斯所指出的那样，维系日常生活的交换与流动具有道德建构的性质，这一点强调了对流动施加管控的物质性。它们特别的物质特性，还有它们所引起的涉身化的反应，在塑造人、形成亲属关系、构建性别的过程中占据了核心位置。早期现代主义者和苏维埃改革者本能地理解到了家庭物品物质性的重要地位，相信物质性能带来身体的和心理上的连带效果（例如玻璃、金属和白色能够脱离资产阶级家庭的建构性的和重复性）。在生产性交换流动的其他语境中，上述模式变得更为清晰。除了与再生产和共栖相关的流动外，其他领域的流动也很重要，它们逐渐占据了人类学素材的主流。近来有两个对立性的案例，它们分别出自保利娜·加维（Pauline Garvey）和让-塞巴斯蒂安·马尔库（Jean-Sébastien Marcoux），说明了流动是如何在欧美城市环境里起作用的。

马尔库描述了蒙特利尔的房屋租赁市场，这个市场要求大部分租户在每年差不多同一时间更新他们的合约（Marcoux 2001b：70）。这个周期的规律性成为一年一度的协商当地关键关系，即家庭成员和伴侣之间情感关系的途径（Marcoux 2001b：83）。巩固一个家庭的决定也配合着这个周期而做出。因为周期更迭的时候就是决定续租还是搬迁的时机，从而开启了在城市里迁移的模式；这不仅是重新协商家庭的地点与构成的关系，而且正如马尔库展示的那样（Marcoux 2004），还协调了搬迁中的性别关系与形式。人们在城市中的迁移以及物品的移动（或是它们的不可移动性），都在各种形式的性别人格里得到了昭示。马尔库所谓的"分离"（detachment）（Marcoux 2001b：82），即不去参与的能力，是通过蒙特利尔当地房地产市场年度迁徙的特殊切分节奏而产生的。这种分离之所以是一种可取的能力，是因为位于消费社会核心的"自我之生产"如果想持续的话，就需要这种能力。通过这些被管控的流动，各种关系被重新协商（Marcoux 2001b：83，参见 Giddens 1991）。而且正如马尔库提到的那样，这种切分节奏是重新生产并维系性别形式的一个重要因素。

类似地，但是以一种近乎相反的物质方式，保利娜·加维（2001）没有去描写邻里之间身体和家具的移动，而是描写了家里的家具移动，以及它们对于身体，尤其是思想状态随之而来的影响。然而，家庭中涉身化的周期性家具移动，产生了一种能动性以及一种进化的人格，尽管盛行的规范性可能会妨碍这种重要的自我工作（work of self）。加维写到，"重新布置家具在一些情况下是习惯性的，它立竿见影，从而能够作为更宏大的装饰工程的背景"（Garvey 2001：65）。一个人可以在没有观察者、很舒服的情形下，拿一直被防护的个性做实验。

加维通过下面的人类学者和报告人的对话来描述移动家具的微妙作用：

研究者：当你把东西调换一遍后，你感觉更好了么？

报告人（Lise）：当我沮丧时，搬动东西感觉挺好的。有些人是头脑清楚，但家里很不干净……当你有很多东西要去想时，调换东西，清理或扔东西出去是有帮助的，而且某种意义上你一直在你大脑里整理东西。有一种心理学上的原因，我不知道我为什么做这个。我就是有点厌倦固定不变，不守旧不是挺好的么？（Garvey 2001：53）

加维留意到，自我并非指独特的气质，而是在"持续传记叙事"（"ongoing biography"）意义上一种持续的、感官性的再生产活动（Garvey 2001：56）。家庭物品并不作为诊疗性的物质文化而起作用；它们并不像早期的语言学或化石比喻那样意味深长。它们是纯粹的物料，是感性的创造性活动之流得以发生的途径，自我就在这种流动预设好的道德经济里得以再造。按照斯特拉森（Strathern）的思路，其结果是一种"身份"可能被塑造："所有权将事物暂时性的聚拢到物主那里，阻止了无尽的扩散，并塑造影响出一种身份"（Strathern 1999：177）。但是斯特拉森也注意到，这种身份塑造的效果是人类学分析的产物，也是人类学分析所服务的更大的道德经济的产物（Strathern 1990）。或者，正如布克利（Buchli）和卢卡斯（Lucas）（2001）在一项有关废弃公租房的研究里所说的那样，在地方政府官员的眼里，国家给困顿中的单身母亲家庭予以住房上的援助，其保障的条件之一就是形成一种道德上优越的身份感。

类似地，布克利（Buchli 1999）在对后斯大林时期室内空间的分析中（图22），强调向心型和离心型这两种微妙的家具布局激发了斯大林主义和后斯大林主义的形式与道德秩序：向心型强调家庭餐桌，产生了核心家庭个人化的中心性，以及所伴随的道德人格的从属形式；与此相对立的是，离心型的形式将空间进行分区。外向型的聚焦方式已经超越了核心家庭以及家庭温暖之外，朝向社会主义生活公共领域及其附属的物质性。回应鲍德里亚（Baudrillard 1996）对于西方室内居住空间的观察，在第二次世界大战后以及后斯大林主义的语境下，"分离"的物质性激发了对公共领域合理分区的划定［扩展了马尔库关于分离的用法（2001b）］，这种"分离"有别于盖尔（1998：81—82）所说的"俗气"（tackiness），以及麦克拉肯（McCracken 1998）所描述的"家庭感"（homeyness）。这种平滑中立的空间划分形式，造成了某种从家庭环境的离身化"分离"，在更宏大的社会主义公共建设范畴中，促成了一种"附着"和身体认同。

在另一条脉络里，劳伦斯·多尼（Laurence Douny 2007）考察了与马里多贡人卫生观念有关的"附着（attachment）"和"流动（flow）"。在这个例子中，欧美观念里的污垢观念激发了涉身化的附着，清洁似乎和脱离身体的死亡相关联。多尼注意到，当地人通过祝愿家庭永远脏兮兮来祈愿繁荣（Douny 2007：314）。污垢象征照顾、抚育的能力，以及发展家庭的能力。被烟熏黑的墙壁和天花板是一种积极的特征，它说明火炉一直在燃烧，相应地，家庭也繁荣长久。家庭成员、来客以及小孩在墙壁上所遗留下来的污渍是家庭活力的证据。干干净净就是没有生活气息因而彻底令人不悦的（Douny 2007：315）。类似地，多尼注意到锅子不能太快清洗，因为维持生命的东西的痕迹需要被保留。被汗水浸透的衣服证明了主人的生命力，被动物粪便涂抹的墙壁证明了家养动物的生命力以及它们在生计维持中的角色。"他们让人们获得存在论意义上的安全舒适感"（Douny 2007：315）。劳动的感官活动拥有活力并提升生命，垃圾作为这些活动的产物，被精心利用，以维系家庭生计（Douny 2007：314）。

图 22　战后苏维埃家庭的内部。来源：Buckli，1999。

格兰特·麦克拉肯（1998）影响深远的关于"家庭感"或称"居家感"（homeyness）的研究，详尽地呈现出了如何把建筑形式相对边缘化，将家居环境增生性和包裹性的物质性附着放到了首要位置，又通过家居物品的物质性形成了与众不同的附着形式，这些东西构成了一种高度情感性的、不易阐明的状态。什么是居家感？在麦克拉肯的分析里，它是蕾丝窗帘、坐垫、椅子罩、桌布还有收藏等，这些物件都不能化约为单一因素或在语言学范畴内当作"符号"来解读。更确切些地说，这些物件只能通过不同物质材料的情感性特质来解读，这些物质材料所产生的包围感，正是居家感的核心（McCracken 1998：172）。然而，这种包围感被相互不同而清晰可辨的物质形式所激发，继而催生出居家感那些情动性（affective）和情感性（emotional）的附着，确认了家的道德品质、情感纽带以及家庭生活（McCracken 1998：173）。现代主义者本能性地解读了上述逻辑，这可以从他们对家之舒适意味的拒绝上反映出来，从他们对"包裹"和"附着"性物质材料的拒绝中体现出来——他们反其道而行之，通过协调其他的物质特性（例如光、透明性、白色、金属）来促成分离感（Marcoux）。与之相随的，是新的社会性、性别以及道德人格之形式，一如在苏维埃社会主义中那样极为明显地呈现出来。本雅明的天鹅绒包裹，除了作为外在的症候和批判，不再像化石一样起作用了；但是在这里，它们内在于社会背景，通过与其物质形式的协调而发生功用，而且不再是通过符号学意义上的"合法"方式，而是通过涉身的、具体的排列方式，生产出了异性恋核心家庭的道德秩序。

然而，最近关于同性恋的学术研究重新考察了物质材料协同发生的作用。卢希亚（Luzia 2011）认为，抚育孩子的女同性恋家庭也要具备她所谓"扔到一堆"（throwntogetherness）（参照梅西 Massey）的物质特性。日常生活的混乱，包裹了异性恋和同性恋的年轻家庭，并让它们脱离开先前被性别或性所统辖的情况（图23）。她指出，这些杂乱的物质状态是孩童成长、也是家庭纽带形成的基础，具有核心的地位。在这里，混乱是成长的资源，正如多尼（Douny 2007）在多贡案例中关于污垢那令人信服的描述一样。

图 23　卢希亚的"扔到一堆"。来源：Karina Luzia。

在另一个案例中，戴安娜·扬（Diana Young 2004）对伦敦房产市场的白色展开了讨论。白色所产生的附着和分离（Marcoux）的形式，创造了价值以及道德经济这类更宏大的领域。与上文的讨论类似，在道德经济领域里，建筑形式的属性提升了其他和身体有关的能力。用在墙上的白色形成了"中立性"，这种白色属性对于晚期资本主义体系下的伦敦房产市场的逻辑来说至关重要。此处，白色具有一种可拆解性，和早期资本主义现代主义者语境中的白色、社会主义语境中的白色均形似而神不同（Young 2004：14）。这里的白色通过其形成分离的能力而创造价值（Marcoux），因为它加速了市场里房产的循环。那些更有流动性的房地产会形成更多增值。就如扬所说，英国近期的任何一个房屋翻新工程都说明了破除一个家的个性化、保持其中立的必要性（Young 2004：12），因为这样的房子才能更快卖出并得到更多的金钱回报。

扬（Young 2004：9，15）比较了白色和库拉交换（*kula* exchange）中的红色。在库拉贝壳的案例中，贝壳因为被手持而产生了红锈，这种红色标识了贝壳被人渴求的地位。与之类似，伦敦地产市场的白色在物质性和涉身性的双重层面上都加快了公寓和房屋流动，增加了价值。这个逻辑反之也成立，白色恰恰是因为其下述特点而更被追捧：白色加快交易，更容易被个人买家的生活方式和欲求所同化（Young 2004：15）。白色的中立性让买家更现成、方便地投射自己和欲望（Young 2004：10）。可分离性（Marcoux）使得一个更杂乱的附着性成为可能，随之产生的便是吸引力。正如麦克拉肯表明的，在物质及其属性的经济里，"居家感"和价值之生产相互敌对。在扬的分析里，一个公寓的广告堪称呈现出了居家感的精髓。复杂的、明亮的、和由图形交织而成的墙纸，过于蓬松的沙发，椅子上的布，都和现成的、驳杂的可附着力（attachability）相互抵消（Young 2004：10）。太多前任主人的元素渗入，让家变得没那么容易摆布。结果，如扬所示，这样的不动产需要更多改装，让它变得中立，从而在晚近资本主义市场中得以循环，获得价值。

但是，扬的分析暗示出，涉身化的附着和生产力的维系应该从房产之外的地方找寻。例如加布里埃尔·阿克罗伊德的著作所展示的那样（私人交流，2011），从房产的流动所创造和激发出的抵押贷款制度里找寻。抵押是银行精细计算后做出的赌注，这个赌注和借款人的身体健康以及其稳定的收入潜力有关。借款人要处在恰当的年龄和生活阶段，并展示出自己在一定年限内身体健康和活力，并处在稳定、有规矩的雇佣关系里，能够还清贷款。阿克罗伊德观察到了如下的悖论：晚近的资本主义房产市场里，那些被抵押的白色房产们，看起来是抽象的存在，却恰恰和抵押人涉身化的能力存在密切的联系。2008 年金融危机时，贷款体系崩盘，大量房屋和社区被遗弃，证实了上述赌局的一种双输局面。在金融危机之前，抵押贷款是诸多家庭筹资的渠道。他们筹资来对抗具体劳动能力的物化。这种物化是投机性的、易被交易的、高度抽象化的。此外，人们还得筹资支付子女的教育费用。而其他形式的互助，以及在家庭的道德经济范围内集体性的物质和社会协同方式，都已经成为在全球各处的晚期资本主义经济中支离破碎的道德工程（Ackroyd, personal communication，并参见 Ackroyd 2011）。在道德机制方面，白色的分离感强化了房产的流动属性（Marcoux，Young）。这种流动属性，也使得贷款成为一种资源，一种高大上的存在，一种身体能力的具体体现（Ackroyd）。据阿克罗德所说，房产和贷款的流动性引人注目，它们代表了一种生产性权力的秩序，一种生产性的能力，它们和感官性的、参与各类价值联结的身体有着深刻的关系。

这些对于室内空间之物质性将建筑形式边缘化的观察，昭示了这些交互的物质效用——也就是分离（detachability）（Marcoux）和离身化的效用。首先，他们优先考虑的是个人行动或能动性，而非建筑形式，后者在统治和抵抗范式下优先考虑的是国家利益，强调的是通过对不同的空间使用方式以及建筑形式的"控制"来进行"分配"（参见 Buchli 1999；Miller 1988）。这类讨论看重装饰形式对道德人格和社会关系的影响，从而优先展开涉身化、实体化的解读，牺牲了物质性离身性的方面。也就是说，否认身体和事物关联的物质性形式［例如盖尔 Gell（1998：82）对禁欲主义和其他现代主义理想型的描述］，被当作一种可疑的权力实践而被拒绝考虑。促使身物分离的影响力，作为一种具体的物质交互形式，很少真正地介入讨论［Gell（1998：81—82）对此匆匆一概而过，而是更广泛地讨论了装饰］。分离属性的社会作用是巨大的，它们不仅仅在视觉形式规训的层面上存在于后殖民和女性主义批评中，也存在于社会附着性这类更广泛的层次上。早期的苏联现代主义者非常清楚这点。他们将物质依附到更广泛的社会主义建设的公共事业上，将物质依附到具体的社会化劳动力的新形式上——从而强调身体与玻璃、金属、白色等某些工业化新材料的物质形式脱离了联系。后来，新自由主义资本主义产业市场认识到了这一点，主要体现在增值能力，以及保有身体劳动生产力上，正如阿克罗德对抵押贷款的描述所揭示的那样。分离（从马尔库拓展而来）和分离形式不是对物质性的否认；相反，他们是另一种模式的强调，这种模式具有独特的、有力的物质质感和感官的框架，重新构建了人/物的关系、新形式的社会性和涉身化的能力。正如马尔库（2001b：82）讨论的那样，分离性对于自我的不断生成是十分必要的，这回应了吉登斯的观点（加维指出了这点）。吉登斯强调身份的流动性，以及在晚近资本主义语境下个人生涯的持续再生产。正是在这样的环境中，分离具备了生产性。在帕罗特（Parrott 2005）关于精神病医院和病人的分析中，对于分离性以及拒绝附着有令人信服的展示。前进、重新创造、重构关系、不重蹈覆辙的能力，在帕罗特南伦敦街民族志的受访对象的心目中，乃是幸福的关键（Parrott 2010：292—293）。

分离（Marcoux）和视觉意义上的依附性（Young）是理解审美论辩之外"通行性"（generic）意义的关键，这种论辩倾向于把通行性问题化，或者把布迪厄（1984）意义上的由于社会区隔缺位而产生的通俗文化问题化，或者说在很多文化批评家眼里，通行性不过是一种非正统性的症候。德伊文达克（Duyvendak 2011：13）强调"栖居"的通用性很重要。从亚利桑那到中国，从南非到俄罗斯，建筑形式的可变换性都说明了通用性在不断产生。在世界上晚近资本主义的流动性状态下，通用性是个人栖居能力的核心。塞色·洛（Setha Low）笔下的门禁社区和弗劳德（Froud）描述的社区所体现出来的全球化现象，都和上述内容有着确凿的关联。

正如德伊文达克所说，这类通用化的形式很好地服务于世界上的精英（亦参见 Bauman 2000）。黛西·弗劳德则发现了其他阶层里类似的情况。在描述看起来不正统或者山寨性的英格兰乡村时，她写道：

> 而且，我们知道广为流传的故事是假的（不一定非得和英格兰历史对照之下是虚假的，而是在村庄的语境或人们自己经验的语境下是假的），我认为这是甩掉了历史包袱，让村庄成为不被任何人拥有的存在，其意义向全体开放，可以被所有人谈论和操作。（Froud 2004：226）

因此，这些看起来通用性和不正宗的形式，提供了"一个基本的时空取向，而在这个流动性的世界里，取向正变得越发棘手"（Froud 2004：227）。"不正宗"的形式可以生产自我和家庭相关的有意义的叙事。弗劳德对此非常乐观。"叙事的内在性感觉可能变得更重要。在宏大叙事缺席的情况下，个人的、居家的叙事可能会起到更大的作用"（2004：229）。

根据德伊文达克的说法，这些通用形式以反讽性的手法让居住容易地、合法地、熟稔地遍地发生，而不用纠结于当地环境。他们视觉上的平庸正是它们安置能力的一部分，不论多么临时，它们都能在全世界的任何地方安置下来，从而使得跨国全球化空间中的居住更为便捷，与一种更早的通用形式、金（King 1995）所描述的通用式的平房颇为相似。通用形式既能适应可转换的普适要求，也满足了地方具体的需要。简·雅各布斯（Jane Jacobs 2004）描述了电影《浮生》（Floating Life）里的中国移民家庭如何在多个异质性的地方环境里再次建立家庭。他们有多种形式使得家庭能够成为传统中国宗族家庭的迭代。除了跨越时空维系祖先血统的功能以外，具体形式是无关紧要的。正是这种可流动的特性使得这个系统能够运转。家屋经过列维斯特劳斯所谓的"虚幻物化"来服务于家庭（Carsten and Hugh-Jones 1995），并且通过异质性的形式，借助促进分离和依附，来调解看起来不可调和的利益。

戈特弗里德·森佩尔（Gottfried Semper 1989：139—142）在 19 世纪中期写到，新的通用形式是规划与建设规范标准化的产物。他认为，这些元素的标准化吸引了最广大的市场，并促成美国和英国家庭强烈的吸引力和流动性。个人装饰元素能够随意安置和调换，这些形式的流动性保障了一种普适性以及通用化的能力，去适应最广泛的品味、欲望和愿景。另一方面，查克拉巴蒂（Chakrabarty 2000，转引自 Maurer 2006：24）注意到，人类普世平等的概念，助产了 19 世纪出现的抽象劳动价值的可交换性这个观念。可交换性与平等无时不在、无处不在。类似地，福克斯（Fox 2005）观察到，20 世纪的普遍居住权在创造现代性的普世主体的过程中起到了作用。他引用的是关于人权的联合国解决方案（《联合国人权公约》第 25 条）。居住在抽象意味上的异化效果，其实使得普遍的人类生活成为可能。然而，这种抽象是有代价的，正如法学家福克斯（Fox 2005）在土地法有关的叙述中所指出的那样。这种抽象虽然解决了合法性问题，那些有生气的家的细节差别和联系却被抽空了，这些因素尤其和女性相关（Fox 2005；亦参见 Buchli and Lucas 2001）。福克斯写到，"土地法经常被认为是理性的法理模型的必要条件，专家将其描述为'理性的科学'，'看起来已经近乎达到了纯粹理性的完美。英国的土地法——比其他法律都展示出更多闭合的逻辑系统的特性'"（Gray and Gray 2003，转引自 Fox 2005：39）。通用形式和其抽象型都会产生非常复杂、很成问题的影响。

这种互换性在英格·丹尼尔斯（Inge Daniels 2010）最近关于现代日本房屋的讨论中颇为明显。房屋在时间维度上和日本家庭中的数代人息息相关。房屋被建造、摧毁、重建（Inge Daniels 2010：154—155），因为它们实际上只是人造物以及与几代人相关之记忆的临时容器（Daniels 2010：150）。然而，移动物件的累积——收藏品、和服、家具和装饰品——需要特别的协调，沿着家族支系和朋友圈重新分配，重新言说，指导着日本家庭中物品的流动。房屋是这些物品的储藏室，规整着它们的流动，以及它们生产和维系的情感。搬家和重建成为关键性的时刻。亲属、家庭连续性以及更大范围的社会情感维系，在纪念品、礼品、家装等等的累积、流动和收集中得以实施（图 24）。物品本质上是流动的、小型的，易于被移动和馈赠，它们的可移动性和累积性生产出了"阻塞"（延续盖尔的说法）。上述情形其实是可移动的、可持续的物品生产出的情感纽带的体现。在很多方面，建筑形式的可抛弃性让家族世代之间的联系得以维系。第二次世界大战后消费品的繁荣，旅行和生产亲属关系的需要，以及更为扩张的社会网络，都加剧了对赠礼、人工制品流动的要求。其结果就是，物品的积累经常令人厌恶但又难以抛弃，丹尼尔斯所谓的"棘手物件"（troublesome things）充塞着日本的家庭，礼物是"希望扔掉又难以扔掉的东西"（Daniels 2010：174）。这就是在创造和维系社会联系的过程中一种棘手的过量。

古德曼和里维拉斯（Gudeman and Rivera 1990）关于哥伦比亚家户经济领域的著作这样描述房屋的功能：区分性的约束动物、食物、身体、劳动力和其他生产性资料在家户以及更广泛市场经济间的流动。他们描述了哥伦比亚农民如何在家户经济里适应两种经济领域：房屋内的、不参与交易的、长期增值家户的经济活动，以及参与交易的经济活动。参与交易的经济活动涉及两个领域之间的流动，这种流动有助于家户生活的生计维系、成就其在哥伦比亚市场经济中的角色。这些资源增长、保存、流动，象征性地并且偶尔实质性地供给给养，就像是家里的猪一样。古德曼和里维拉斯把它们形容为"猪仔银行"（piggy

图 24　丹尼尔斯的日本家中。来源：Susan Andrews。

banks），它们得到喂养和照料，生长繁殖，体现出家户资源的增值，在需要时被卖出（Gudeman and Rivera 1990：86）。农民的劳动力与核心资源的维系有关，有时候需要把这些资源在一定风险的下卖出以维系家户。

家中物质累积的稳定性，在收藏品、传家宝、照片，以及类似的东西里反映出来。人们会精心管理侍奉这些物品，物品也构成了家庭成员之间的关系产生并维系的基础。而近来，数码技术的出现挑战并重构了上述过程，菲奥娜·帕罗持（Fiona Parrotts 2010：298）的著作就注意到了这点。与马尔库和希瓦利埃（chevalier）的记述相反，她证明了就记忆和社会关系的维系而言，流动性、可移动、可搬运的物件，比如照片（尤其电子照片和电子格式的音乐），要比家具这类相对缺乏移动和流动性的物件更重要，后者作为记忆的载体反而没那么意义重大了。

3

正如一系列案例研究，包括布洛赫（Bloch 1995a，1995b）围绕马尔加什（Malagasy）

房屋不断发展着的物质性所做出的论述所证明的那样，消费、家庭装饰以及居家氛围的营造是受到持续关注的。DIY 活动，基于互补的性别角色的共同劳作，及其持续性的再生产、再表述，的确在互相作用的机制下，让社会关系和性别认同得以"生长（grow）"。家务劳动以及房屋有关的工作则维系了这些关系。

而且，这些研究对家屋内部消费实践所进行的详细考察，也说明了道德人格不一定和住宅同构，或在住宅中形成。苏维埃先锋运动研究，阿克罗德著作里对抵押贷款的强调，都证明了房屋存在不同的构造和位格。房屋的上述特质，处在传统分析视野中对家屋的经验性分类之外。布迪厄（1990：276）对柏柏尔人（Berber）社会中男子气质之生产的分析无疑也印证了上述论断。柏柏尔男性在家屋之外从事生产，却和家屋有着独特的生产性关系。类似地，朱莉·博迪赛罗（Julie Botticello 2007）对南部伦敦尼日利亚人的讨论，说明道德人格是在市场摊位背后的那块像家一样的区域里形成的。

早先分析中对于家的可读性、符号性的强调，在最近的研究中让路于流动及其维系，以及对流动的限制如何规训了道德人格。上述强调说明，在一些语境下，客体性是有问题的，也是危险的［反例很多，例如堵塞阻止了"完整的生涯"（coherent biography）（Garvey 2001，参见 Giddens 1991），或者丹尼尔斯（Daniels 2010）所谓"棘手的物件"，或者马尔库，加维和帕罗特所讨论的关于流动的广义重要性］。正如鲁迪·克拉拉多-曼斯菲尔德（RudiColloredo-Mansfeld 2003）在一个和物质属性相关的语境下所声称的那样，流动性是道德性的，能确保道德之物根据人和社会关系的生产被正确分配。

正是和家庭属性有关的消费研究，揭示出了"持续修订（continuous revision）"以及再次言说的能力（Garvey 2001：56，参见 Giddens）——建筑形式不像符号那样单纯是语言学阐释的主体，或者像化石那样等待着被解读，而是能力的联结。然而，正如尼古拉斯·罗斯（Nikolas Rose 1990）在他关于"心理学科（psy disciplines）"以及新自由主义社会生活方式的论断中所提示的那样，"持续修订"（Garvey 2001），是统治的新自由主义形式和生活方式，在生产自我的过程中彼此达成的协议的一部分。看起来难以改进、非实体化的自我的观念，例如福柯框架下的灵魂（soul），乃是在更宏观的政治经济环境下、在它们所招致的物质性中被生产出来的。

第6章 涉身化与建筑形式

1

正如卡斯腾和休-琼斯（Carsten and Hugh-Jones 1995）所言，身体和建成形式之间难以分离；不可能轻易说身体结束的地方，就是建成形式开始的地方。这个观察指涉的当然是二者的关系以原初或创新性的方式，在一系列地方性事件中不断调整。本章将考察涉身化（embodiment）和建筑形式的议题，考量人格生产的离身化（disembodiment）结果，以及建筑形式牵连起的各类物质效果。

对涉身化的研究兴起于20世纪80年代，那时女权主义风起云涌，现象学方法方兴未艾（Bachelard 1964；Norberg-Schulz 1971）。人们认为身体和性别是意义、经验的特别优先场所。然而，这种关于身体和建筑形式交织的解读在西方建筑思想中其实具有悠久的传统，它可以追溯到维特鲁威，以及在文艺复兴范式下达·芬奇对这一关系广为人知的阐释，即黄金比例在人体上的阐释模型（《维特鲁威人》）（图25）。这幅图像通常被认为说明了人体对建筑比例的中心意义，也因其建构文化中的男性中心主义而被指责，尽管拉克尔（Laqueur 1990）会认为，文艺复兴时期本质上具有中性化或者说单一化的性别属性，男性和女性在一定程度上实为单一性别身体形式的表达。直到18世纪，二元化的性别意识才取代了这种单一的倾向。

正如玛丽·道格拉斯（Mary Douglas 1970b：116）在另一个文本中指出的那样，社会意象的投射塑造了人的身体。社会区隔以及意象在身体和建筑形式中保留下来，从而深刻地产生了让道德人格和社会生活得以在相互关联中获得理解的条件。在意义的解析上，身体和建成形式不太可能分离开。二者关系的协调正是文化工作的核心。在创造并维系生活的无止境的条件中，需要对建成形式的身体表达进行新的解读，并且寻求同一过程中离身化（disembodiment）的新途径，上述两个过程相伴相生。

极为明显的是，离身性问题和欧洲笛卡尔主义的兴起有关，也和身心二分理念有关，而后者在欧洲启蒙运动关于普世理性主体的理念中处于核心位置。这个理念经常被提及并诟病。然而，正如一些观察者所注意到的，欧洲离身性奇特又有力的形式，在相机暗箱［参见克拉里（Crary 1992）的讨论］的兴起中有着一段特殊的历史，而且就崭新的普世主体而言具有新颖的社会建构之形式，就像布罗德斯基·拉科（Brodsky Lacour 1996）等人围绕笛卡尔作品开展的评述所提及的那样。

克拉里（Crary 1992：39）认为，相机暗箱提供了一种认知方式，以理解那个产生了离身性主体概念的世界。如克拉里所言（Crary 1992：26—66），暗箱构成了一个有说服力的比喻，使得客观知识和普世的理性主体得以在彼此关联中形成。因为它像一个暗室一样，通过一个孔隙，让外界图像能够以反转的形式投射到室内墙壁上，这样它就构成了人

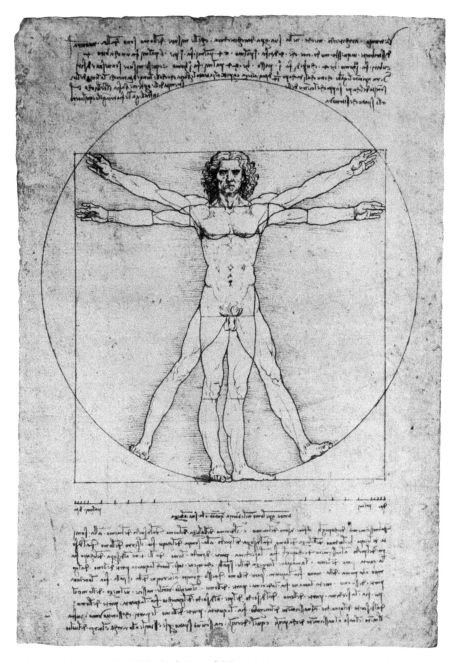

图 25　达·芬奇的《维特鲁威人》。来源：Jakub Krechowicz，Dreamstime.com。

类思想和知觉运作的类比（图 26）。人们按照建筑的比喻理解思维，后者就像一个空房间，外界的图形通过眼睛传送进来。克拉里指出，笛卡尔按照字面意思演示这个建筑比喻，比照建成空间和感知的方式，来展示思维的工作方式：

　　设想一个房间被封闭起来，只留一个小孔，一个玻璃镜头放在孔前，后面隔一段距离铺开一块白色的单子，外界物体上的光就在单子上呈现出形象。现在人们说房间代表眼睛，小孔则是瞳孔，晶状体则是透镜。从一个刚死亡的人身上取出眼睛（或者如果那样不行，就从牛或其他大型动物上取出，）切除眼睛后部的三种包裹性物质，把晶体暴露出来而不散溢。除了这颗眼球外，没有其他光能照进房间，各个已知部分都是彻底透明的。做了这些之后，如果你这时候看一下白色单子，或许就可以带着愉悦和好奇看见一副以自然视角呈现的外界事物的图像。（Descartes 1637，转引自 Crary 1992：47）

思维和建筑形式彼此类似，但更为重要的是，在这个关于人类思想的新比照里，身体被彻底清除出去了（Crary 1992：40—41）。这就像是透视绘画中的观察者/制图员，犹如波尔诺伊斯所言（Boulnois 2008：395），他们的眼睛虽然在图像构成中占据核心位置，但在最终的图像中却总是不见踪影。身心分离在笛卡尔传统中占据核心地位，在建筑的比喻中形成了普世性理性主体的观念（Crary 1992）。

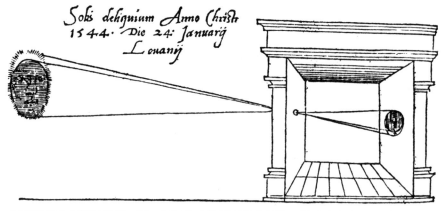

图 26　如同建筑之房间的暗箱。第一部展示暗箱原理的出版物，图示内容为 1544 年 1 月观测日食。
木刻。荷兰学院，16 世纪。来源：Private Collection/The Bridgeman Art Library.

离身性的比喻，对于欧洲传统里其他相关的普世性主体也具有重要意义，即普世性基督教主体以及基督教人居领地（Christian Ecumene）的建立。思维作为房间的提法（Crary 1992：39），或如波尔诺伊斯（Boulnois 2008：405）所言的思维作为地点（place）的说法，在耶稣会及其学生对印刷出版新技术的应用里有所体现。教会创始人圣依纳爵（Ignatius of Loyola）的《神操》（Exercise）就利用了这个类比以及印刷文字的普遍性和稳定性；这使得在宗教改革的初期，随着天主教的殖民主义扩张，《神操》可以在任何文化和地理环境下被复制。可以说，基督教僧侣的卧室还有后来耶稣会学生的"书房（study）"（参见 Crary 1992：39），都利用了建筑类比的嵌套组合。从思维的内部房间，到书房的外部房间，只要人们能够应用创新性的、高度流动性的技术，使用《神操》的合法授权的印刷版本，普世的、稳定的耶稣会主体性就可以得到监督。

2

现象学路径试图处理欧洲现代性导致的一个普遍问题：身心分离。它试图通过重申身体在世界中的位置，去解决 20 世纪资本主义的异化效果，以及现代性的分裂性结局。上述路径实质上检验了身体和建筑形式，如何以更有意义的整合来克服之前生产性的二元主义。其中一个关键的理论家是马丁·海德格尔（Martin Heidegger）。他的基础性文本《筑·居·思》（Building, Dwelling, Thinking 1993）是这一路径的核心。现代性产生的断裂，不管是在字面上还是比喻上，都位于现代主义居住研究的中心。正如海嫩所观察的那样（Heynen 1999：16—18），大量的缺失、无家可归，才是本质性的。海德格尔通过以下的论述来认识这个问题："真正困惑的是，芸芸众生永远都在重新寻找栖居的本质，以至于他们必须永远学习如何栖居"（Heidegger 1993：363）。海德格尔在很多层面上都呼应了摩尔根在《美洲土著的房屋和家庭生活》里的观察。"每一种人类持久的机制，总是和永恒的需求有关"（Morgan 1965：xvi）。对海德格尔来说，这意味着凡人们必须永远学习如何栖居（Heidegger 1993：363），这是一个持续的、反复发生的、生产性的过程。身体性的自我和环境，以及更大的宇宙总是在生成的过程中，构成一个难以捉摸的整体。

海德格尔在他关于四重整体的讨论中言及了上述之统一性，天—地—神—人的四方构成了栖居的核心要目（Heidegger 1993：360）。在他关于桥的讨论中，海德格尔考量了桥的干预如何产生了四要素的整体性（Heidegger 1993：354）。桥制造河岸，将溪流两岸的景观带入一个崭新的彼此关系中。"桥聚合了溪流周围的土地、构成景观"（海德格尔1993：354）。更进一步地，桥还把城堡引申至广场，把路引申到长途交易的网络。

然而在这个静态的叙述里，革新却是关键之所在，就如一座新桥和恒久的栖居问题，正如海德格尔所言，是一个永不停息的整合过程。他写道：

> 不论住房短缺多么艰难恶劣，多么棘手逼人，栖居的真正困境并不仅仅在于住房匮乏。真正的居住困境甚至比世界战争和毁灭事件更古老，也比地球上的人口增长和工人状况更古老。真正的栖居困境乃在于：终有一死的人总是重新去寻求栖居的本质，他们首先必须学会栖居。倘若人的无家可归状态就在于人还根本没有把真正的栖居困境当作这种困境来思考，那又会怎样呢？而一旦人去思考无家可归状态，它就已然不再是什么不幸了。正确地思之并且好好地牢记，这种无家可归状态乃是把终有一死者召唤入栖居之中的唯一呼声。然而，终有一死者除了努力尽自身力量由自己把栖居带入其本质的丰富性之中，此外又能如何响应这种呼声呢？而当终有一死者根据栖居而筑造并且为了栖居而运思之际，他们就在实现此种努力。（Heidegger 1993：363；原文强调）❶

栖居的本质在海德格尔关于黑森林小屋的叙述中得到了例证，这座小屋乃是对里克沃特（Rykwert 1981）所谓"原始棚屋"的一个祈愿。小屋本身也佐证了，天、地、神、人四方如何被建成形式的物质效果统摄在一起。

> 筑造的本质是让栖居。筑造之本质的实行乃是通过接合位置的诸空间而把位置建立起来。惟当我们能够栖居，我们才能筑造。让我们想一想两百多年前由农民的栖居所筑造起来的黑森林里的一座农家院落。在那里，使天、地、神、人纯一地进入物中的迫切能力把这座房屋安置起来了。它把院落安排在朝南避风的山坡上，在牧场之间靠近泉水的地方。它给院落一个宽阔的伸展的木板屋顶，这个屋顶以适当的倾斜度足以承荷冬日积雪的重压，并且深深地下伸，保护着房屋使之免受漫漫冬夜的狂风的损害。它没有忘记公用桌子

---

❶ 此段翻译来自［德］马丁·海德格尔著，孙周兴译，《筑居思》，载于《演讲与论文集》，三联书店，2005年，第170页。——译者注

后面的圣坛，它在房屋里为摇篮和棺材——在那里被叫作死亡之树（Totenbaum）——设置了神圣的场地，并且因此为同一屋顶下的老老少少预先勾勒了他们的时代进程的特征。筑造了这个农家院落的是一种手工艺，这种手工艺本身起源于栖居，依然需要用它的作为物的器械和框架。（Heidegger 1993：361—362；原文强调）❶

就像列维-斯特劳斯的虚幻物化（illusory objectification）那样（Carsten and Hugh-Jones 1995），四方在无法调和的实体环境中试图实现整合。海德格尔曾花费篇幅来说明，这是持续的整合的努力，也一直未完成——其生产性的力量和意图，试图提供一个偶然的、瞬间的稳定性，栖居的条件得以在此过程中制定。

海德格尔的现象学并没有仅仅局限在栖居议题上；栖居在更宽泛的意义上生发。新颖的建筑形式，例如桥梁，在四重整体中聚合了人类，暗示着崭新的涉身性的卷入：桥、飞机棚、体育馆、高速公路、大坝、菜市场大厅纷纷被建造起来，但他们不是栖居之所。即便如此，这些建筑仍然在我们的栖居的领域里（Heidegger 1993：347）。身体变成不单单是"一个胶囊内的身体"（Heidegger 1993：359）——而是空间中一个特别的场所里有着具体言说的身体。这个身体的形成，借助于栖居的持续展开过程。身体在栖居展开的场景里是被重新叙说的，所以当然，内在的状态，例如说抑郁，看似在四重整体之外，实际也被包围在其中——尽管是以病理学的方式；一个人仍然"和物在一起"（Heidegger1993：359）。这样，四重空间重申了长期确立的下列事项之间的联系：心智、语言以及社会。将近两千年前，维特鲁威观察集聚（gathering）时，建筑性丛结（architectural nexus）就已经承载了上述联系。

海德格尔的文本无疑是个战后文本。他去考虑房屋短缺这个在战后的德国尤其尖锐的问题。也是在战后，女性主义研究兴起，重新把人们的注意力拉回到了建成形式上，尤其是和家庭及其物质形式有着密切关系的女性角色和身份，这种角色和身份往往是问题性、冲突性的。因为这种密切联系，以及以往对家庭、日常生活以及消费问题的普遍忽略，人们能够通过深入研究这一学术活动中的空白领域，确认并处理女性角色的问题以及女性在社会中解放的问题。

更大范围内的马克思主义批评完善了这种女性主义的关注，鲍德里亚在《物体系》（Baudrillard 1996）中对于战后形式的讨论就是其中一例。在谈及物质效果以及战后室内布置的改变时，他让人们注意到，室内元素的重置暗示着，人们理解人格及其社会效应的方式可能会深刻地改变。鲍德里亚直言到，室内布局的物质性促成了一度广泛流传的拟人主义。装饰物成为家神，成为情感纽带和家庭组织持续性的空间体现（Baudrillard 1996：16）。对比之下，他用另外的语汇这样表述战后的特征："战后新的家具设计已经回到了最本初的实质，仅仅就是器物，完全世俗化"，"拥有发挥功用的自由，而这实际上是它们唯一的自由"（Baudrillard 1996：18）。

他描述了一种和第二次世界大战前不同的离身性，战后老家具的物料和形式被抛弃了。人们倾向于极端自由的功能互动。物质不再被投注精神，它们也不再以符号属性来入侵我们，关系成为一种客观的、建立在配置和使用上的关系（Baudrillard 1996：21）。

---

❶ 此段翻译来自［德］马丁·海德格尔著，孙周兴译《筑居思》，载于《演讲与论文集》，三联书店，2005年，第169页。——译者注

这暗合着马塞尔·莫斯（Marcel Mausss，1990：20）的观察，"灵魂和物体混合，物体和灵魂混合"。鲍德里亚强调：

人必须首先停止干扰物品，并且不继续在它们身上投射自己的形象，才能再下一步超越他对它们的使用关系，在它们身上投射他的游戏、他的运筹、他的论述，并使得这个游戏本身蕴含意义，成为一个人向他人和自己发出的信息。在这样的阶段，"环境"物（objets "ambiants"）的存在样态完全改变，而接替家具社会学而来的，是一个摆设的社会学。（Baudrillard 1996：25；原文强调）❶

然而，连接的涉身性即使彻底地改变了，也只是类属的改变：

人和形成其环境的器物因此是在同样的一种肺腑与共的亲密感中发生关联（依照同样的比例关系），仿佛器官和人体；也就因此，器物的"产权"（propriété），其潜在可能的发展，永远朝向对此一物体实质的回收，不论是以口部并吞，或是"同化"作用（assimilation）。今天我们透过现代室内设计可以窥见的发展，便是将自然作为事物基底，此一世界观的终结，透过造型上的断裂性、透过内外形式界限的解消，和与之俱来的有关本体表象间的一整套复杂辩证关系的消除，出现的是一个惯习和对应上客观的新品质。（Baudrillard 1996：28）❷

鲍德里亚认为，传统社会中室内物件的泛灵论让位给了第二次世界大战后工业资本主义逻辑统摄下的抽象流动。这是一个二战前在社会主义现代化工程里就已经预料到的过程。在 20 世纪 20 年代，本雅明以及其他人有类似的讨论：传统形式崩塌，让位于不同物质秩序下的新形式的流动、它们的呈现方式，以及伴随性的社会效应。本雅明观察到：

因为它是一个标志，意味着栖居保持旧有意味、即安全感占据首位的时代已经结束。吉迪恩，门德尔松，柯布西耶把人类的持续场所转变成了可以想象到的能量、光和空气流动的过渡区域。透明性将统辖时代。不仅是房间，连星期都如此，如果我们相信俄罗斯人的话——他们想用流动休息日来取代星期日。（转引自 Heynen 1999：114）

流动的重新配置取消了"泛灵论"以及物质生命的涉身性形式。建筑环境的现代主义物质性重新组织了身体，同时更新了附着物的设定，从而创造出新的男男女女。

3

人类学里对涉身性讨论最热烈的应该是布迪厄，尤其是他对实践的论述。在《实践感》（Outline of a Theory of Practice）（Bourdieu 1977）一书里，布迪厄联系他在阿尔及利亚卡拜尔利亚（Kabylia）的田野调查，发展了"惯习（habitus）"的概念。惯习作为结构性原则，进一步演绎并扩展了现象学所谓的身体和建筑形式的整体性。

就像海德格尔那样，房子是生产习惯的超级算法（algorithm）：

---

❶　此段翻译来自［法］尚布希亚著，林志明译，《物体系》，上海人民出版社，2001 年，第 23 页。——译者注

❷　这段翻译来自［法］尚布希亚著，林志明译，《物体系》，上海人民出版社，2001 年，第 26-27 页。——译者注

然而，身体和空间的辩证关系是由神话—仪式框架所塑造，其中最佳结构性工作机制是对世界结构的身体化，也就是说身体的操作使世界得以操作……——房子则是生产性框架客体化的首要核心；房子作为中介，在人、物和实践中建立了分化和等级，这套有形的分类系统不断地灌输并强化了所有文化任意性条款里的强制性分类规则。（Bourdieu 1977：89）

房子是因功生效的东西，是每个孩子为了接受文化惯习都需要学习的协商机制（Bourdieu 1977：90；也参见 Toren 1999）——一种涉身性的倾向，一些例如"不要用左手持刀"的训诫（Bourdieu 1977：94）产生了布迪厄所谓的身体习性（bodily hexis）。在身体习性的场域里，极权主义体制（Bourdieu 1977：94）着重强调构成社会生活的身体举止的细节。

如果所有社会，尤其是戈夫曼所谓的集权体制，都希望通过"去文化化"和"再文化化"的过程去塑造人，把文化看似随意的基本原则铭刻在表面微不足道的穿着、举止或身体和语言态度的细节之中，那么其原因就是身体被当作一种记忆，被委以简化或实际的记忆术，贯彻了文化随意性的基本原则。这些原则被置于认识和解释之外，也不能被志愿的、故意的转变所碰触到，甚至无法明确展示。隐性教育法在暗中说服，进行着实体转换，通过它赋予身体、塑造身体的价值比任何东西都更加难以言说、无法交流、无法效仿，也最为宝贵。通过"站直了"或"不要用左手持刀"这类平常的命令，隐性教育法灌输了完整的宇宙论、伦理学、形而上学及政治学。（Bourdieu 1977：94）

拒绝这种禁令似乎是鲁莽或不礼貌的，这些表面空洞的举动很简单，但恰恰就因为其简单平庸，"是小事一桩，做起来毫不费力，人们要求这些礼节也就很自然，以至于放弃它们就相当于拒绝或挑战"（Bourdieu 1977：95），而这类挑战都是颠覆性的。在惯习和伴生的身体习性的再生产中，在学习过程和身体习性的涉身性体验中都内在地存在着一定程度的过度。正如布迪厄所说，身体习性的生产中有一定程度的偏离，就如孩童的笨拙的学习，外国人的失态——还没有被充分的社会化——总是会不可避免地发生。如果说卡拜尔房屋的例子展示出了身体如何跟宇宙发生关系，这个过程则在本质上动态地论述了经验的多重秩序。但是，这个动态过程暗示了一种超出它试图传达的内容之外的过度性；因此，习惯的再生产就得通过微妙地操作身体习性来创造新事物——于是'风格'的重要性、惯习动态的再生产能力的重要性就凸显出来了。

"个人风格"可谓是标识了一种习惯所有产物的特别徽章。不论是实践型还是工作型的个人风格，都不过是对一个时期的风格或阶层的背离。所以不单是顺从，背离也影射了共同风格——例如依黑格尔所说，菲迪亚斯（Phidias）❶ 就没有"态度"——但也通过做出区别制造了态度（Bourdieu 1977：86；原文强调）。

但是正如布迪厄关于"极权主义体制"的讨论所启示的那样，一些微观的"偏差"变化会形成巨大的效果。正如在风格上的强调所指示的那样，涉身性无法在同一种意义下被体验和实践，就像20世纪后半叶人们在法国城市环境中遭遇的那样。涉身性的程度，物

---

❶ 菲狄亚斯（Phidias 或 Pheidias，古希腊文：Φειδίας，约公元前 480 年—前 430 年）是古希腊的著名雕刻家、画家和建筑师。——译者注

质卷入的程度，都和权力以及社会地位清楚地连接在一起。正如布迪厄在《区隔》（Distinction）（Bourdieu 1984）中讨论的那样，因为地位和权力让资产阶级掌握了物质上的生活必需品，能够沉浸在更多非物质的、智识性的实践中。这类实践涉及有限深度的感知范畴，展示出品位和经济文化资本。无产阶级的品位更厚重，和身体及感官的关系更密切——远离脑力劳动，追求更确实的、实实在在的回馈，更直接的物理和情感乐趣，更加倚重于不稳定的物质资源。鲍曼（Bauman 2000）就以此区分了流动性精英以及穷人和边缘人，后者处在被物质束缚的、地方化的、停滞的状态。和罗兰（Rowlands 2005）的探讨相反，物质性的厚重程度生产出被剥夺了公民权的主体。

4

詹姆斯·费尔南德斯（James Fernandez 1977，1982）研究芳人——尤其是布威缔宗教（Bwiti）礼仪空间（Fernandez 1990）的建构——他的工作提供了一个例子，说明了建成形式和身体形式如何通过涉身性和离身性过程形成了密切的拟人化关联，这一过程在布威缔的集体和宗教意识之生产中处于核心的位置（Fernandez 1990：99）。在布威缔礼仪空间的实践中，直接的身体化认同并没有在比喻象征里升华，个体的身体能力在实施仪式展演的布威缔集体之中，在建筑空间的隐喻使用中，一度被压制、治愈并重新整合。费尔南德斯（Fernandez 1990）认为，布威缔仪式的结构代表了一种雌雄同体的身体——在不同的场合下忽男忽女——宗教社群的集体就通过建筑空间和仪式的互动生产出来。费尔南德斯描述了教堂建筑的各个部分如何在隐喻层面对应地作为集体性整体的身体之头、心和生殖器，有的是男性、有的是女性。中间的部分可男可女，是结构性的支持，也是生产场所，促成了教堂的结构形式，也生产出了布威缔社区附和的集体性。进出教堂空间一度和男性插入、抚爱以及出生、排泄有关，是对一个双性人体之运作的镜像理解，布威缔信徒通过他们对教堂空间形式之身体性、仪式性的结合来理解这一点。费尔南德斯详细描述了集体性身体必须通过宗教信徒相应的离身性而形成——即信徒们在参与感官性的、身体性的布威缔宗教实践中变成有悖于身体参与实情的"假道学"，规规矩矩、遮遮掩掩（Fernandez 1990：99）。个人身体以及身体动作并没有直接和比喻结合；相反，对于性别化集体的运动之比喻，形成了集体抽象层面的涉身性、感官性的互动。这种身体化集体的形成需要个人的压抑，以及个体信徒的离身性参与，来形成更大秩序层面的身体化实体，即布威缔集体。这种实体是集体的、抽象的、刺激感官的。

5

拉贝尔·普路信（Labelle Prussin）关于非洲游牧部落的著作提供了许多案例，说明游牧民住宅的建造和拆除的确产生了性别和性。住宅和游牧妇女的生育能力是重合的："婚房的建造及妇女的工作在文化上都被认为是妇女再生产过程的一部分，而非技术性的过程"（Prussin 1995：58）。简而言之，住宅基本就是婚姻的代名词，又因为在普路信提供的案例里，从事住宅建造的都是女性而非男性，因而在这些结构的创造中，涉身性的劳动离不开妻子和母亲的再生产能力。在图阿雷格（Tuareg）的例子里，普路信注意到，男人并没有在空间里被塑造出来；他们是环境里的"客人"。这就暗示着，在把住宅当作人们生活普遍、核心的客体方面，两性有着根本性的、深刻的分歧（Prussin 1995：104）。为了筹备婚姻，女性在建造游牧民构筑物的过程中，将母亲传给她的游牧结构元素进行建造、聚集并且重新组合。安德斯·格鲁姆（Anders Grum）则指出，在伦迪尔人（the Rendille）中，结婚等于建造（Grum in Prussin 1995：163）。普路信注意到，在图阿雷格人中，帐篷出现在结婚典礼中（Prussin 1995：91）——"帐篷"和"结婚"是同义词。制作帐篷的字面意义就是结婚。一个男人进驻帐篷，就意味着已婚（Prussin 1995：92）。乌塔·霍尔特（Uta Holter）（出自 Prussin 1995：147）描述了玛瑞亚人（Mahria）的帐篷，以及它们结构特质是如何与玛瑞亚女人的生命周期紧紧缠绕在一起的。例如，当老年女性的帐篷在尺寸上缩小时，暗示着和其状况相应的身魂分离（disembodiment）。普路信强调，这些游牧形式在很大程度上是过程性的存在，其本身不是目的，而是和聚合离散以及移动迁徙深刻交叠的。这种流动不但在大地景观中形成了广泛、水平向的生活模式，而且也在纵向的系谱上将女人连同她们婚姻里的建造运转起来，以生产世系的连续性。双向的运动构成并且贯穿了游牧生活的物质和社会条件。在伦迪尔人的案例里，由骆驼搬运女人以及建造材料，车舆载着女人以及建造住屋的材料，这就成了帐篷里的帐篷（Prussin 1995：47）。处于最有力的再生产状态的帐篷/女人二元论，是更广泛的运动、建造、拆除、重建等技术的一部分，通过身体劳作形成了女人/住屋的成熟形式，即住屋之中的已婚妇女。普路信注意到，在 71 年的生命周期里，伦迪尔帐篷可以被重复组装 1200 次（Prussin 1995：40）。她强调，运输、家屋和女性紧密捆绑在一起，而且在功效上也不可分隔——特别是在女性再生产能力的意义上。正如格鲁姆注意到的那样，在另外一方面，窗户逐渐解体，占据的结构越来越小（Prussin 1995：167）。母亲通过把这些建筑元素传给她们女儿（Prussin 1995：101），能够在重复性的母系传承和再生产活动中让女儿把自己塑造为女性/住屋。这种传递跨越世代，而不仅仅是跨越空间、在单个女性的生命中对这些能力进行重复。因此，一个和生命周期有关的离身化过程就变得非常紧要了。

普路信进一步阐明，身体和建成形式的物质性以及物质文化彼此是深刻嵌入的。她提供了索马里的案例，来说明婚礼篮子的解开和丈夫对妻子的阴部封锁有关（Prussin 1995：197）。如塔勒（Talle 1993）所言，在那里的人们认为骨头恒久、坚硬以及不可分离，并以此来理解父系社会。相反，女人则是通过锁阴仪式来理解她们深刻的可分离性，以及其再生产能力的封锁和解封。建造技艺、物质文化以及性别身体的生产彼此不分，在普路信的描述中构成了性别和建造的连环诗学（linked poetics）（Prussin 1995：196）。

她提到，定居极大地影响了上述诗学，性别的解读方式以及身体和建筑形式的亲密性也发生了巨大转折。游牧社会中人群和建筑频繁移动和迁徙所要求的持续言说过程明显减缓了。随着建造频度的显著降低，持续言说和重建所需的技能开始萎缩。同样，产自于游牧景观以及环境的传统自然材料也日益变得难以获得。取而代之的是现代工业原料、预制件、专业生产的原料。女人投身于更广泛的市场领域，扮演顾客的角色，而不再是构筑家屋、促进再生产的建筑构件的提供者。和定居伴随的是，成全传统游牧性别和物质生产的移动与迁徙消失了。过去游牧民族在处理与世界的关系时，建成环境中的一些物理特性，让人们得以创制和掌控其分类体系，现在已经不再有效（Prussin 1995：202）。引用詹明信（Jameson 1984：80）有关后现代的论述来说，"客体变异，主体却没有发生相应的变异"。定居或许会引领人们去雇佣处在迁徙/女性/家屋传统三元关系之外的专业建造者。普路信（Prussin 1995：204—5）研究了最近定居的甘布拉（Gabra）游牧部落并指出，目前四方墙壁之内的空间安排，反映出了传统周期安排以及扇形棚屋的元素。从住屋建造到内部空间安排的空间控制权力的转变，带来的一个结果就是女性法定权力的旁落："结果，女性性别引起的建造价值系统被男性配偶的系统取代了"（Prussin 1995：205）。性别认同依靠建成形式的物质性来维持，一旦物质性生发了微妙的转变和移位，哪怕这是现代化力量导致的积极结果，也造成了之前没有预料到的权力剥夺。

6

苏珊妮·普雷斯顿·布利耶（Suzanne Preston Blier 1987）在她关于巴塔马力巴（Batammaliba）建筑形式的讨论中，论及了拟人观，并认为房屋的建筑形式构成了一个更大范围内的世系群。男女个体作为世系群成员，又借助房屋的物质形式而被归入更大的祖先实体之中。

巴塔马力巴家屋的拟人主义并非不证自明。在第一批欧洲观察者眼里（Blier 1987：13），当地房屋更像是城堡，而在伯利尔的描述里，上述住宅代表了一个复杂的身体和宇宙观意义上的整体，通过物质形式生产并维系生命。这类身体不是维特鲁威人那样个体的、皮肤包裹着的自我形象，而是一个多重性别的谱系性的实体，其形态学从西方标准来看近似野兽，附加了多种性别。除了上述明显十分奇怪的形式之外，伯利尔还观察到当地村庄的房屋可以被看作公墓，房屋本身即坟墓（Blier 1987：156）。实际上，房屋和坟墓的联合说明了一种重要的观念倒转，暗示了生活其间、建造维护它的居住者其实无足轻重。巴塔马力巴房屋让祖先、死者、神灵在场，因为"房屋首先被定义为神和祖先的居所，其次才通过这种观念的倒转，被认作人类住屋"（Blier 1987：149）。如此房屋便代表了一个完整的宇宙观，契合了海德格尔的四重整体。房屋的建造也在此架构下的安置并体现出了个体的男女。正如伯利尔注意到的，巴塔马力巴人认为"人有可见的身体和不可见的灵魂，神灵则拥有不可见的身体和可见的灵魂"（Blier 1987：149）。婚姻、建造、维持、拆卸的行为让这些可见的灵魂有了物质的体现。住宅通过男女的涉身性行为及其更广泛的集体性网络，物质性地呈现了这些不可见的东西，从而在物质上显现出了过去与未来之祖先系谱整体中不可见的身体。那些居住、建造以及维护房屋结构的人，其身体是可见的，灵魂是不可见的，其灵魂只有在他们变为祖先时才能显现，而显现的场所就是作为世系群整体的房屋。父系社会的男人在结婚时树立起房屋。建造联合了两边的家庭，维护工作则由夫妇俩在后面的时间里延续下去（Blier 1987：143）。

多重人格的实体，包含着多重祖先以及夫妻未来的后裔，也是多重性别的。房屋中的男性和女性分居两侧，与性别分工相关的生活资料也分别储藏，把房屋沿轴划分开来。房屋同时也由多样的拟人化的元素构成，例如水管和男性生殖器有关，胃和谷仓有关，子宫阴道和女人的围墙有关，鼻子、睾丸、太阳穴、胆汁、嘴巴、关节和舌头，以及栖居于房屋之中的各种建造元素，都为维持性别联系以及和祖先的联系扮演了独特的角色。作为身体，房子有皮肤，而且需要装饰打扮。外石膏板雕刻的图形让人想起装饰女性身体的疤痕纹路（Blier 1987：127）。房屋外面浸透油脂来保障其美观，就像女人的皮肤那样。谷仓的帽子就像年轻女人的帽子。类似地，就像年轻男人和女人一样，房子也要有成人礼入会仪式（1987：127—129）。当老人去世，房子就打扮得像个青年一样接受仪式，其外饰就犹如青年成人礼所穿的衣服（1987：130）。

巴塔马力巴房屋在每个成员最荣耀的时刻记忆他们，例如老者即将离开土地、加入祖先行列的时刻。就像在房子上刻绘的那样，往生者的形象不是此人实际的五六十岁的样子，而是他/她参加成人礼时的年轻模样（Blier 1987：130）。

之后，他们可见的灵魂就会肉身化地呈现于房屋这一集体性身体中，房屋墙内就是为其安排的栖息之所。这个栖息所遵从祖先在天上巡游的秩序，祖先则在墙壁里按照性别模式栖息。每一个黄昏，日落余晖照亮了栖息所。据说每当此时，逝去的祖先会离开他们在天上的村庄，沿着落日的光线返回大地上的家园（Blier 1987：151—152）。于是，缺席者有了物理性的呈现，随着阳光的调节，体现在这些"栖息所"中。在这个更大的时空范围内，健在的亲属在物质性上反而没有那么紧要，亡灵却显而易见，甚至更有物质上的存续感。

7

让-皮埃尔·瓦尼耶（Jean-Pierre Warnier 2007）发展了空间和涉身性人类学的方法，强调亲属的角色以及生产性流动的循环，但却是以容纳的概念来阐述的（类似普路信的分析）。身体、建筑和容器都是生产性资料循环的性质符号。身体、建筑和容器在概念上以及实践上都无法彼此区分，除非在一些情况下他们影响到了祖先物质和权力的流动。瓦尼耶提出了喀麦隆"锅王（pot-king）"的例子。他强调身体、建筑、城市和容器，如何在容纳和福柯意义的治理术的复杂技术中联系起来。各种生产性资料的道德流动都被这些"容器（container）"所规训。在物质资料的"经济学（economy）"里，一些物资被赋予了物质性，另一些则赋予了权力和效能。类似地，罗兰兹（Rowlands 2005）探索了事物的物质性中更为密切的一种关系，正如瓦尼耶描述的大腹便便的锅王一样，通过生产性资料的垄断促成了更大的权力。年轻、未婚、低等级的男人，获得物质性体现的机会更少，也和权力流通更为疏远。所以，罗兰兹发现基督教对于这些被物质流通排除在外的男人有特别的吸引力，他们希望能够寻找到财富、生计和妻子（Rowlands 2005）。

马尔库（Marcoux 2001a）在讨论当代西方的实践时，提到了涉身性得以实现、祖先沟通得以发生的另外一种方式。和之前讨论过的毛利、巴塔马力巴、塔尼姆巴尔，以及马拉加斯人不同，在这些人群中，成为祖先并不意味着下述过程：吸收现世的经验来作为构成建筑空间的元素，并形成住宅的结构，在一个空间里维系时间轴上绵延的世袭群。相反，马尔库通过其他媒介，从另外一个角度描述了这个过程，挖掘了现代住宅形式中通用化的可交换性［参见丹尼尔斯（Daniels 2010）关于日本的著作］，并通过研究名为"casser maison"（"打破房屋"）的仪式指出了现代社区的流动性（Marcoux 2001a）。住屋本身在这个过程里反倒不重要了。更重要的是，现代性条件下的住宅具有通用的、可互换的、流动的属性，这使得重点转移到了可移动的财产上：家具和家中的物品可以轻松地转移，同时又具备了不可分离的属性，因为这种易于转移的能力只能在相对通用的、可以互换的建筑环境下才能实现。马尔库的民族志中，描述了当老年居住者意识到他们即将搬入更小的有辅助设施的敬老院，或者接近生命尾声的时候，会投入大量精力和注意力，在他们的家庭成员之间分配自己的各种家用品、家具、油画、厨具以及其他人工制品。他把描述这个过程为祖先化（ancestralization），老年人希望能够在死前和亲属建立起祖先与后裔之间的那种连接。通过把自己的物品放在一些特定的人那里，一个老人可以引导人们如何去怀念自己，以及通过什么样的物品、在什么样的情况下去怀念（Marcoux 2001a：218—220）。特定的物品连同其用处和功能可见性（affordance）产生出了一个未来的祖先，并将其整合进晚辈人的生活里。马尔库注意到，一些物品的转移也产生出跨越世代的性别，而非单纯反映性别。传统性别化的物品从一代传到下一代，产生了性别身份的持续感（Marcoux 2001a：219）。一些情况下，这会产生矛盾——例如引起偏心某一位亲戚的问题。自我祖先化的宣称也会和家庭的实际居住情况、环境或生活方式相矛盾，例如把一个大家具放到小公寓里。这类物品移动的关键是一种明确的剥离分拆（divestment）的需要。有了移动的动力在背后，人们必会做出决定，话语也必会形成，从而产生并修补一种关于生命的特别的言说，有了这重言说，就有了在后世之生活为祖先提供居所、使其得以在场的方法，也形成了后世之言说的物质条件。尽管布迪厄（Bourdieu 1984）曾颇具说服力地描述过，家庭布置会因为品位的需要具有强烈的类似性，但同时，微妙而深刻复杂的个人性也生产出来了，例如斯特拉森（Strathern 1999：41）在另一个语境里的观察所暗示的那样："个人性更多体现地在集合的行为里而不是外观上。集体跳舞的男人看起来几乎一样，但是每一个人都会各自利用自己关系来行事。"关系的汇集形成了外表上看似一致或通行化的集体——集体对于人格的真实性以及道德属性都至关重要。

在另一个语境中，帕罗特（Parrott 2010：223—226；2011）描述了受控制的剥离分拆功能如何创造出未来的祖先连接。在她的案例研究里，一个家庭会投入大量精力来添加圣诞装饰；西方典型的仪式节日中，装饰物被收集起来并展示在家庭圣诞树上，不可分断的家庭纽带从而得以再生产（Miller 1993）。不过，在家庭成员变老、搬出、建立自己家庭时，祖先化的过程就会变得明显，原初家庭开始分拆这些装饰物给他们（2010：225）。在这个时候，长期被展览的圣诞装饰就加载了每年家庭聚会的深刻集体回忆，流向这些新的家庭，在流动的、新兴的家室里开始增殖自身、建立起基于节庆循环的基本联系。装饰物有内在的可分离性。它们必须小，尺寸和其他装饰物类似，这样各个装饰物在一棵圣诞树整个的布置里出现，其独特性就被掩盖住了。从而，它们就能够与其他装饰物无缝混融，生产出一种所谓"幻想出的一致"（Parrott 2010；又参见 Parrott 2011）。每年的展示激发了祖先的联系，以及相应的叙事和记忆。这些联系跨越世代、空间，也连接了共居家庭之前没有联系起来的亲属。这些易于传递和流动的小物件的流通，物质性地产生出了一种深刻的、微妙的对于亲属关系的理解。

在消费导向的传统中所产生的研究，似乎把建成形式的物质性推挤到了边缘，这一方面是因为房屋市场的属性，一方面也是因为建设、扩张和改变这些建成形式［参见鲍威尔（Powell 2009）对 DIY 衰落现象的研究］所需要投入的最小单位劳动在不断增长，以至于亲属关系的生产都转移到了更流动性的、更有延展性的新领域，例如一些小物件、家具、圣诞装饰物等等。但同时也得说，正是愈发通用性的、商品化的形式普遍可替代的建筑，为物品跨越时空和世代的流通提供可以替换的外壳，让敏感的、涉身性的家庭和亲属生产得以在更为延展和流动的物质属性中得以继续。乡土研究和消费研究之间的差异表明了固定性和流动性之间的张力，谁都无法被另一个所容纳。乡土建筑研究里固定性的视野，让位于流动的视角和消费研究。尽管这些研究倾向于把建筑形式的物质性边缘化，但它们却揭示了其他物质形式的参与是何等重要，由此产生了离身性、其他领域里的本体性的附着，以及陈腐性、"不正宗性"，同时它们在通过更新流动和参与而产生新的正统性和新意义的形式方面也是需要的。

第 7 章 建筑形式的偶像破坏主义、破败与毁坏

1

从前面的章节中可以明确地看到，身体和建筑很难不纠缠在一起。在一些案例中，建筑比活的身体更加具有生命气息，可以作为祖先的栖息地，比人类个体预先存在，也活得更久。爱普·史蒂芬（Ap Stifin）（personal communication；同样参见 Ap Stifin 2012）注意到，"9·11"遇害者的躯体和建筑废墟在字面上和实际当中都混融在一起。这对于处理世贸大楼的拆除等后续工作来说，就造成了一种非常复杂和难以解决的局面。毫无疑问，建成形式的涉身化远不止是人类身体的类比呈现，而是扩展了的集体生活本身。正如盖尔在论及毛利会议厅时所言（图 1）："社区成员在会议厅里聚集，可以说只是装点。他们是坚硬持久之结构的可移动部分，他们最终都要作为'固定装置'被吸纳进去"（Gell 1998：253）。

建筑形式充斥着生命气息是很清楚的。前述章节已经提供了大量例证，说明灵性（animacy）如何产生。本章将从上述观察出发，论及建成形式和人类生活的生命属性，并考虑当这些形式遭到摧毁时会发生什么。这些建筑或是毁于有意识的偶像破坏主义运动，或是被暴力摧毁，或是被程式化的文化实践所破坏。

2

首先，本章将讨论与建成形式的破败（decay）有关的议题，以及失序、废墟和破败在社会生活的构成中起到什么作用。关于这点的多数讨论已经强调了社会关系如何被建构和维系，并涉及建成形式的建设、维护以及使用。然而，建成形式的破败近来已经吸引了更多注意力。在考古学里面，保护和遗产的议题已经引起了对于修复实践的质疑，这些实践可能只是维持某些特定的叙述，把重点放在那些和国家、民族建设、经济发展以及普世欧美价值有关的叙事上，联合国教科文组织世界遗产的理念和机构都证明了上述事实。一些著述已经批评了这些保护实践中所包含的问题：以建成形式的物质性为考量而对其进行保护，却牺牲了地方性的理解和需求。这些案例说明，在地方的需要以及相伴随的物质形式之间，在遗产、保护组织，以及更大的政治经济关切之间存在着冲突。在这些工作中，一些学者已经涉及了建成形式破败的问题，思考这些破败形式时也引发出来社会所有权的关键议题。

3

从罗马时期到现在，废墟在社会生活里一直拥有持续的政治意义（参见 Edensor

2005a，2005b；Gamboni 2007）。破败形式的一个持久性的特征，就是它们代表了一种对建成形式现存之稳定性的挑战。不可避免地，这种路径强调破败各类功能中的政治维度。毁灭似乎是失序和破败之后的特征［参照 Bataille et al.（1995：51—52）的论述，围绕壮观的废墟，存在一种无形的、学术性的无条件痴迷］。然而，正如一些例子证明的那样，毁坏在效果上绝不是普世性的，但对于破败的物质和社会效果以及建成形式的废墟化来说，它无疑是内在的一部分。如同前述章节所讨论的离身性行为一样，这种毁坏，不论是通过剥夺或通过逐渐的离身性进行，都具有内在的生产力，以促进新的社会关系与持续形式的形成。此处，破败、废墟化以及毁坏都同样具有生产性。

类似的，克其勒（Küchler 1999，2002）讲述了新爱尔兰的马朗干（malanggan）纪念物的破败、拆除和分离对于社会生活的维系来说是多么至关重要。破败的建成形式的物质性，连通了生死、亲属关系的生产，以及对资源的获得。这些短命的纪念物是一种特别的葬礼仪式，可以追溯到殖民时期。它们在墓地前被展出一小段时间，完成使命后，这些纪念物就被丢弃，自行破败，或者卖给西方收藏家。实际上，它们的破败是必要的，这样才能保证死人的领域和活人的领域脱离区分开来；把它们卖给外国人也是一种脱离的保障。

正如克其勒所提示的那样，对马朗干的观看与雕刻在一定意义上代表了一种知识产权。复制和保持这幅图像的权利被转移了。和这个信息有关的则是获取和马朗干相关之资源的权利。为马朗干揭幕时，人们被赋予名字，从而在世袭群里获得位置，也获得了马朗干图像的所有权以及相关权利。人们可借助克其勒描述的破败过程来洞悉这一过程本身的物质性，以及它影响、再现和维系社会关系的方式。这种破败是生产性的，它促成人的命名、对资源的获得，也保证了生和死的必要区隔。保护这些雕刻会阻挠生产的过程并带来伤害——将他们从所生活的社区中排除出去。这种破坏性的实践并不只存在于一个地方。联系柏林墙，克其勒注意到：

和柏林墙的情况一样，那些在马朗干揭幕后获得了分享的人也获得了拥有记忆的权利。人们将其当作未来通过分解逝去之物的回忆凭借——然而一个明显的区别在于，柏林墙的碎片在获得者的财产那里能够物理性的存在，而马朗干只能在精神意象中存在。（Küchler 1999：67—68）

在另外一个文本里，德希尔维（DeSilvey 2006）从专业的遗产视角观察了一个蒙大拿农场。自从家中幼子 1995 年去世后，这个农场就废弃了（图 27）。在反思这些废墟时，德希尔维引用了巴塔耶（Bataille）以及他的描述："不稳定的、有恶臭的、微温的物质，生活在其中卑劣地发酵"（Bataille 1993：81，引用在 DeSilvey 2006：319）。她描述了蛆如何在满是纸片般玉米壳的锡制脸盆里蠕动。一窝窝裸露的幼鼠在蒲式耳篮中扭动翻滚（De-Silvey 2006：319）。按照巴塔耶的思路，德希尔维提到了"破败的生产性力量"（DeSilvey 2006：320），它通过对"厌恶和吸引"明确无误的物质和身体性回应引发沉思。这里，德希尔维暗示的是某种经验和意义上的真实性，并和失序过程的回忆有关。此处，茱莉亚·克里斯蒂娃（Kristeva 1997）提出的"贱弃"［abject，（l'abjection）］概念得以伸张。这暗示了一种经验真实性的生产，并且生产建立在贱弃状态所促成的恶心的基础上。涉身性的反应是直接的，无中介的，感觉上特别真实，连接了身体和被观察者。边界的模糊展示

图 27　德希尔维笔下被遗弃的蒙大拿农场。资料来源：Caitlin Desilvey。

出了贱弃的威胁，也展示出了它的力量。克里斯蒂娃进一步发挥到：

> 贱弃是你恶心的东西。比如，你看见一些腐烂的东西时，你会想吐。这是物质层面上的贱弃。它也可以是个和道德相关的说法——例如在犯罪面前流露出贱弃之感。但是在身体和符号层面，它是一种极强的感觉，首先是一个人面对外在威胁的反感，想要与之保持距离，人们觉得这种威胁不仅仅来自外部，也有可能从内部威胁我们。所以它是一种分离的欲望，一种自治的欲望，也是一种不可能完成的感觉。贱弃本身就带有危机的因素。于是逻辑性的结果就是，它乃诸多元素看似不可能的聚集，连带着一个脆弱的限制性的含蓄暗示。（Kristeva 1997：372）

德希尔维注意到，传统的保护与遗产实践都和这种贱弃的说法相矛盾。她解释到，她所论及的东西都会被保护主义者扔出去，但是这些物料——以它们不断破败、被遗弃的形式——恰恰是它们强大力量的基础，特别是它们可以通过激进的方式建立新的知识，尤其是涉身化的知识。援引斯洛特戴克（Sloterdijk），德希尔维提到："不舒服和规避……也可以是其他认知方式的起始"（DeSilvey 2006：321）。德希尔维（DeSilvey 2006：322）注意到，这些看起来自然的错乱失序，重新归置了传统的物质稳定性，而这种稳定性构成了理解的基础："物体不仅在对它们的保护和维系中产生社会效用，也在对其的拆除和丢弃中产生社会效用"（DeSilvey 2006：324）。

为了让彻底的阐释过程得以发生，德希尔维反对在保护意义上保存这些物质形式："阐释要求让过程自行运转，并观察在过程中发生了什么。尽管对于那些把物件的记忆潜能归结到不变的物理形式上的人来说，上述作为是任性和破坏性的"（DeSilvey 2006：324—325）。这与亚里士多德那种记忆内在于物体的理念是相悖的。弗提（Forty 1999）描述了物体——自然或人工的——和人类记忆平行的理念。德希尔维反对那些被制度性、社会性地生产出来的持续性（Buchli 2002），同时认为破坏本身为一些特定的记忆开辟了道路，尽管它具有（或者因为它的?）摧毁性的能量（DeSilvey 2006：326）。"即便它们融入破坏和失语的动态过程中，品质退化的人工制品或许还能够贡献替代性的可能解释。人类意志的自动实践让位于一个更加弥散的物质编配和处理"（2006：330）。联系马朗干的案例，她写道："文化上的再次记忆并不是通过静态的记忆残留进行的，而是通过一个缓慢地把遗留拉出来、放进价值表达的其他生态里的过程——调节了死亡和再生、失去和更新的同步共振"（DeSilvey 2006：328）。实际上，破败内在的、本身的物质性产生了一种特别的、强有力的阐释性倾向——正如德希尔维所提示的那样，提供了一种对往经济活动的无声批评，"杂草丛生的树木表明，空间在自己生态机制的调配下发生一种无情的再荒蛮化"（2006：328）。

类似地，提姆·艾敦瑟（Tim Edensor）的著作也谈论了破败的政治意涵，及其对政治意识之产生所造成的影响（Edensor 2005a，2005b）。他考察了英国工业建筑的废墟化历程，这些建筑因为经济下滑而关门，然后"从维系了物质形式完整性的稳定网络（Edensor 2005b：313）中掉落出来"（图28）。如此，工业废墟的物质性意味着它们被放置在了一个理想的位置，以反驳物体的那种标准化分配。之前规规矩矩的空间变得无序，质问了空间和物质秩序化的规范性过程，而这可以产生一系列关于物质之特征、审美、功能可见性以及历史的思辨性想法（Edensor 2005b：314）。

这里，垃圾和废墟提供了一种批判，针对的是资本主义意识形态下的进步观念与消费进取心理。然而，尽管有很多势力想要清除它，垃圾却总是以让人烦恼的类型反复出现。艾敦瑟观察到，物品腐坏后，和其他物质混淆在一起、变得无可辨认，并和真菌以及啮齿类动物等生命形式搅在一起，产生了畸形的混杂："这些废墟的物质性纹理具有非人生命形式的轨迹，揭露出了其他未被驯化的、非人形式的存在以及和物质的互动方式……物品在物理上的解构揭示出了生产它们以对抗模糊性的初衷"（2005b：320）。

这类失序的性质拥有一种压制性的力量，一种和人为过程不符的自然性：

> 物品的临时蒙太奇以及其他在废墟中找到的碎片，并不是特意安排的聚合，或意图以有组织的方式抗击和谐与意义，而是一种扰乱了标准化意义的偶发组合。由于它们的武断以及设计的明显缺位，这些分类很难被收进解释性或审美性的框架中……（Edensor 2005b：323）

图 28　艾敦瑟笔下废弃的工业建筑。来源：Timothy Edensor。

这些偶然的安排通过分析家的框架出现，批判性和政治性地质问了先前构建它们的人类秩序。一种政治的、物质性的审美出现了，艾敦瑟将其描述为"偶发超现实主义"（accidental surrealism）（Edensor 2005b：323）。艾敦瑟观察到，这些工业废墟不同于其他时代的浪漫主义者刻意建设的废墟，它们缺少一种全面的控制。浪漫主义废墟是受到高度控制、人为的一种建筑，而工业废墟不然，尽管他本人采用了一种明显的、受约束的分析框架："当代的工业废墟既不会引发出被偏爱的情感或道德教育，也不会激发出沉思的、浪漫主义的冲动。取而代之的是一种难以预估的、内在的印象以及情绪"（2005b：324）。

艾敦瑟和德希尔维都主张，废墟形式的物质性具备有力的、真实的内在特性。被完善维护着的现代空间平滑又整洁，从而改变了身体的体验。艾敦瑟认为，现代空间制造出了一种"现代性身体"，它符合安全以及理性的准则（Edensor 2005b：324）。这种废墟则以不同的方式与身体交互，它质疑高度现代化的理性（例如周边的风险、健康，以及安全标准）。艾敦瑟提到（德希尔维也有类似的看法），"废墟和城市空间的体验十分不同，前者批判了对多样性触感、味道、声音和视觉的非感官性移除"（Edensor 2005b：325）。类似地，它要求一种不同的涉身化反应，从而对现代城市式的身体举止构成了挑战："只有学习并参与对物质稳定性的终止，我们才能胜任对生命和肢体的保全。"（2005b：326）

这是一个过度的荒诞空间，和詹明信（Jameson 1984）描述的鸿运大酒店类似。对人类感官的挑战不是反乌托邦的，而是潜在地具有解放性的，甚至乌托邦式的。

把使用价值和交换价值以及商品的魔力去除后，它们就可以被重新阐释，或许还承载着乌托邦的、集体导向的视野，这种视野通过本雅明理解的创造者得到了无意识的体现……废墟的物质性所具有的分裂性，让城市空间标准的审美和感官理解脱位了，也消解了潮流化的人工制品作为分散实体的内在整体性。在空间物质秩序背后的政治抱负和欲望，被废墟里的物质效果揭示出来，它们激发了下述思考：关于空间和物质性，可以如何被另类的

解释、体验和想象。(Edensor 2005：330)

冈萨雷斯-鲁伊瓦尔（González-Ruibal 2005）讨论了在现代语境里，废墟的角色如何经历经济的变化。他考察了西班牙加利西亚（Galicia）乡村废弃农场的物质性（图 29）。到 20 世纪中叶，此地贫穷的农民已经移居国外，其后归来的移民建设了新的房子。这些房子和传统农舍有显著的差别，也不符合之前的经济角色。新的工业化材料用在新房子上闪闪发亮，和老房子形成了鲜明反差。但无论如何，一些老房子还是保存了下来。除却卖掉一个正在坍塌的、废弃的不动产来获益，当地农村家庭嫉妒发作似的依附在老房子上；它们就不是用来出售的。冈萨雷斯-鲁伊瓦尔认为，破败的老农场和闪光的新房子在建筑形式的物理外观上构成了明显的对比，产生出了一种对时间的重要理解，以及集体性的线性历史。时间和历史这二者对于农村家庭感知他们生活中变动不安的经济和社会环境来说至关重要。废墟和光鲜的新房之间的反差，直接地体现出了从一个阶段到另一个阶段的过渡。而反差的物质性则提供了一个家庭生长、繁荣的充满摇摆不定的记录，以及这些截然不同的物质性中的历史。这类废墟产生了新的家庭、经济和社会形式，也不可以被作为可出售的、可分离的商品。物质形式的废墟将这些家庭放入了一个特别的历史和扩张的“空间时间”中［用芒恩（Munn）的术语来讲］；他们表现出扩展家庭在一定时空范围内增长的劳动力和涉身化能力。正如芒恩笔下的年轻加瓦（Gawa）男人，他们闪亮的、“闪电一般”的身体证明了他们增长中的能力以及“空间时间”，加利西亚景观中的新建筑材料发亮的面饰也有一样的作用。修复这些破败的建筑则直接否定掉了家庭化的时间以及能力的表达。

图 29　冈萨雷斯-若保笔下被遗弃的农舍，加利西亚，西班牙。资料来源：Alfredo González-Ruibal。

苏联境内那些破败的、未完成的、空置的建筑提供了考察废墟物质性之社会效应的另一种视角。马泰斯·派克曼斯（Mathijs Pelkmans 2003）描述了后苏维埃时代阿扎尔的空屋架。这些房子的建设半途而废，资金抽走后，仅靠政治意图难以推动这些工程完工。一些建筑在变成可居住的结构之前就开始破败。然而，派克曼斯注意到了这些建筑在后社会主义环境中的重要性。因为他们空空荡荡，反而提供了一种开放结局式的未来感，每个人都能够参与其间——其实他们成了新的可能性的策源地。后社会主义时期的建设过程充满问题、让人焦虑，普遍存在的腐败和牟利让其雪上加霜。而空空的结构提供了一种集体性的希望，一种对开放未来之可能性的指示。在这种局面里，没有任何利益主体可以伸张权利，所有参与人都有所希冀。

尼古拉·梭雷恩-切埃卡夫（Nikolai Ssorin-Chaikov 2003：110—139）则以另一种方式描述了西伯利亚定居点独特的建筑性质。在建设一直无法完成的状态下，它们是未完成的、持续在建的场所，引发了他所谓的未完成建设的诗学，这是一种政治和诗学的物理措施，题写了一种对时间和物质性的独特理解。这是一个不停向未来展开的时代，一个被物质标示，永远推迟的未来，它一直向前进、但从未实现——简而言之，是马克思主义无止境进步的一种物质体现，永远处在建设之中，如此朝着无法实现的社会主义目标不停地建设自身。

派克曼斯和梭雷恩-切埃卡夫对建成形式之物质性的分析证明了苏珊·巴克-莫尔斯（Susan Buck-Morss 2002）对社会主义时期以及对特定社会主义物质性之意义的观察。她援引了列宁在 1918 年 3 月的布雷斯特-立托夫斯克条约中的言论："我向空间让步……是为了赢得时间。"（Lenin，引用在 Buck-Morss 2002：24）。在苏维埃社会主义的进化情形里，与相应的资产阶级国族主义观念迥然不同，空间、时间以及物质性有着特别的物质呈现方式。资本主义民族国家以领土完整性的概念为基础，并通过市场、通过对人群的控制巩固这一概念，在地理、空间、族群和物质文化等方面来巩固国家领土。正如马塞尔·莫斯反思 1919 年 6 月的《凡尔赛条约》时所揭示的那样，这是一种国家民族方言的发明。在那个时代，一种特定的方言会盖过其他，提示出族群性的民族国家的存在，标志出对固定而稳固的方言形式的理解，增强了资产阶级民族主义的空间和时间。然而按照巴克-莫尔斯的框架，社会主义时期却在对时间的征服中避开了空间的稳定，社会主义时期在物质体现上被视作是连续的，朝着一个不断发展的未来方向展开。社会主义时期是预期未来的、扩展性的，而不是像资产阶级民族国家时期那样是回溯过去的、密集彻底的。派克曼斯和梭雷恩-切埃卡夫描述的不稳定、不断破败的或是空旷的物质形式，标示并生产了这类事件。

4

建成形式的破坏和建成形式的各类维系实践构成了鲜明对比——从居家劳动到建筑保养再到移动搬运，每件事情都是如此。这些活动重新塑造了社会关系，也重新配置或重新确认了性别关系以及社会地位的其他层面。移动和剥除分离在一定的建筑语境下是离身性的。类似地，对建成形式意义的评估，让其成为不动产市场里可分离的商品，以及/或者在英国不动产法律体系里成为一种普遍抽象原则，这些都促使建成形式在更广泛的范围内发生更微妙的流动，随之而来的则是造成并维系人类关系的物质属性被重新配置。问题是，这会导致一种批判性的离身化，就像福克斯（Fox 2005）以及扬（Young 2004）展示出来的那样。在一个层面上，移动涉及一处之前栖居环境的分解拆除，例如前文马来西亚房屋的移动，或者各种游牧迁徙，个人和生命周期在其中通过建筑形式的拆解而被活跃地生产出来。这些拆除和重组以不同风格和物质方法完成（包括简单的移动家具到拆除及重建）。地位、连续性和时间都在这些行动的物质条件中被重新配置。有些时候，建筑就是死了，例如也库阿那酋长的房屋（Ye'cuana chieftain's house）（Rivière 1995），或者"被杀"，例如马尔加什村庄的圣屋（Bloch 1995a，1995b），以及特林翰（Tringham 2000）描述的新石器房屋。

前面的讨论应该已经很清楚地说明了下述道理：建成形式的生命感以及它们和身体的各类亲密关系并不限制在非现代性文化里，而是一个标志了人与建成形式之复杂关系的现象。在欧美之外，非现代性的形式在此类结合上的连贯性方面看起来尤其显著；我或许要斗胆指出，这种显著在更大程度上是民族志写作带来的，而非环境里活生生的现实。在欧美，现代城市环境可能有所不同，建成形式的生命感有着自己独特的复杂境况。哈里斯（Harris 1999）在讨论 20 世纪城市形式时，认为管道、典礼和空调等基础建设的重新铺装像给建筑做手术，扩展了建筑的生命。他也考量了建筑生命跨度就材料而言的贬值计算："例如，木结构有 10 年寿命，混凝土、砖和钢结构有 25 年，波纹钢板结构有 6 年寿命"（Harris 1999：125）。哈里斯也考察了投资资源进行保养以维系物质形式的持续性，如何参与建构了建筑具体的生命。

在很多方面，建筑是关于通过无法在此时此地被充分意识和呈现的东西而开展思考和工作的：过去、未来、祖先、社会冲突的协调和矛盾。建筑关乎不在场的事物，或无法被物理性、观念性地认知到在场的东西：宇宙观、共产主义乌托邦、核心家庭的理想模式、"原始棚屋"、英雄/祖先的家，祖先和后代的整体性等等。正如盖尔（Gell）在论及毛利人会议厅时所言，这是"值得大书特书的认知过程"，来帮助我们集体性地理解"心智"："超越个人认知（cogito）以及此时此地任何一个特定的坐标"（1998：258；强调记号来自原文）。

然而，建筑物实际的死亡、它们的物理性崩塌以及破坏，对集体思想和行动是非常关键的事件。正如哈里斯（Harris 1999）所言，坍塌是尸检的良机，死亡重新描绘了社会关系，创造出新的关系和新的时间性。建筑之死，虽然是被人类的解读赋予了生命感，并且它们是在贡献了涉身化的卷入后死去的，能帮助我们理解物质与社会生活的事项。通过抢救遗址的条条块块，柏林墙［或者说另一个时代的巴士底监狱的碎片（Gamboni 2007：32）］并没有真的死亡。它只是以不同的方式重新分配了：削减了，非物质性属性加重了，甚至具备了更高程度的永恒性——就像世贸中心，其物质呈现方式转变为了已经永久坍塌之结构的短暂而高度削减的视觉形象，以非持续性的形式，成为一个意料之外的纪念碑。

涉及生活或身体的建筑研究难以被民族志捕捉。因为民族志在时间上有局限性，我们不知道这些身体究竟是什么。我们只能历史性或考古性地理解，因为他们的生活超出了即刻性的理解，比个人感知或特定时间范围内的集体感知更大（后者能够得到民族志式的理解）。然而，建筑死亡以及解体的时刻的确给予我们一种感知。偶像破坏主义的研究能够提供一扇窗户，尽管它并没有真正告诉我们，在关系和身体以及自我的更新和再次协调的意义上，破坏的宏观启发是什么——理想状态下，考古学最能担此重任（以及各种形式的民族历史）。

建筑的毁灭制造出了一种背反的效果，它看起来是一种矛盾的效果，让之前没有生命感的东西瞬间变得有生气起来。实际上，这类时刻揭示出了本体论本质的混杂性，即人和物质深刻的缠绕着，即便像斯特拉森（Strathern 1996：518）所观察到的那样，我们"得来不易"的现代性会强调相反的立场。如何才能声称杀戮了一些东西，并在其死亡时投注以生命力呢？偶像破坏主义行为或者杀戮的意愿所传达出的明显的过度（excess）或许有助于理解这一点。杀死一个没有生命的东西，等于赋予它超出其形式上的客体状态的生命感。盖尔阐释了伦敦国家画廊所藏的委拉斯盖兹（Valazquez）的绘画《罗克比的维纳斯》（即《镜前的维纳斯》）（The Rokeby Venus）里的汪达尔主义，为理解上述过程提供了指引：1914 年妇女参政论者玛丽·理查德森（Mary Richardson）砍了这幅画，该画就暂时以被破坏的方式存世，直到被重新修复。在这段时间里，盖尔称其为"被理查德森砍破的镜前维纳斯"（Gell 1998：62—65），并且认为过度的意义让这幅作品有了巨大潜力，而修复和保存的过程却阻滞了这种潜力。

盖尔描述了理查德森如何用厨房刀袭击了这幅画，耸动了一种"相反立场的艺术创作"、一种有"艺术动机"的破坏主义（Gell 1998：64），拉图尔（Latour）曾经用"偶像鞭笞"（iconoclash）来描述类似的情景（Latour and Weibel 2002）。盖尔注意到，玛丽·理查德森捅进了维纳斯的心脏部位，破坏了所谓"神话历史上最美的女人"，以抗议"现代历史中最美的人物"、即妇女参政运动的领袖艾米琳·潘克斯特（Emmeline Pankhurst）被投入牢狱（Gell 1998：64）。在这个"相反立场的艺术创作"（art-making in reverse）过程中，

> 理查德森通过杀死这幅画，让它变成了一个美丽的尸体，从而给画作灌注了一种前所未有的生命力。尽管，绘画被修复为原貌当然有必要、也是被人们所希望的，却也再次树立了一个障碍，阻挠了画作发出困扰我们的威力，不管这种威力是从得体的角度、从政治的角度、从性的角度，还是从其他角度困扰我们。（Gell 1998：64）

盖尔注意到，这一行为通过其犯罪性引发了一种表征巫术❶：通过杀戮的意愿，它在通常归属于其的内容之外又浸染了生命感和过度性。保留被砍过的画作好像模糊地延续了暴力行径；一如盖尔所表述的那样，从各方面利益诉求来看，阻挠这种过度都是众望所归的。然而如其所言，"被砍的罗克比的维纳斯"即便短命，但是通过玛丽·理查德森的行为后，被灌注了暴力的、过量的生命感，跟原画比较，乃是更有力量、更有感染性的存在状态。

在盖尔的案例中，《罗克比的维纳斯》的生命感被制度化地凝固了，以节制破坏带来的过度。皮茨（Pietz 2002）在讨论扫罗（Saul）之罪时谈及，破坏总是会产生一种过量，这是碎片和废墟特别的功能可见性带来的结果。除非达成完整的破坏——而这可以认为是不可能的，否则碎片总是带着搅动的效果复现。极度混杂的可同化性总是让碎片无法符合背景环境，无论是在起源上还是同化效果上。于是，过度随处可见，以特殊的方式创造了一种新的物质呈现方式，并且带有难以预料的社会效果。

弗提（Forty 1999：10—12）和亚木波斯基（Yampolsky 1995）描述了后苏维埃社会主义时期偶像破坏的语境中，破坏塑像运动所制造的阐释意义上的过度。两人都讨论了塑

---

❶　通过加害于受害人的图像或偶像或其他表征，来对受害人做出伤害的巫术。——译者注

像破坏如何在城市环境里制造了空缺，从而因为离场而忽然获得了意义，这种不在场通过曾经支撑它们、现在却空空如也的柱础和凹槽得到了阐明。空荡的空间把人们的注意力引到离场，即在场的消失。简而言之，塑像的捣毁制造了一种过度，一种能立刻感觉到的存在感；正因为通过离场而物质性地生产出过度，一个更有力的召唤感产生了。

当人们在建筑里被杀害，场所就被死亡和磨难给蒙上了一层精神的维度。场所是唯一让离开的个人在场的方式（例如，大屠杀的集中营，谋杀现场，路边的纪念堂）。这期间有一个迁移（transference）；场所因为将人们拉向自身的方式而变得有生命感，从而开始拥有了独立的，甚至幽灵一样的生命。场所就像空柱础一样，成为不在场的指示。根据皮亚杰的符号学，指示是一种自然的符号，它以物理性的方式无差别地联系着所代表的对象——例如烟作为指示，和火有物理的联系，也是火的直接结果。这样，经验上看起来陈腐的方式能够微妙的链接、维系并产生出不在场的生命。

和永恒性有关的事物的毁灭是悲剧性的，或者说富于象征性（参见 Coward 2009 关于"城市谋杀"的研究，以及 Drakulic 1993）。在世贸大楼的例子里，一个在正常框架下有着精确生命年份的建筑，被突然的死亡吊诡地赋予了生命感（图30）。人和物、建筑和人群的分离——斯特拉森（Strathern 1996：518）所谓我们的现代性艰难赢得的战果——突然迷失了，并且暴力性地、不可挽回地合并在一起；当那些无法辨认、但却无疑是人类基因材料的部分悲剧性地和世贸大楼的建筑废墟混融在一起时，这一点变得清晰可见（和爱普·史蒂芬的私人交流）。

实际上，双子塔已经是全球资本主义的体现，根据理性和利益最大化原则修造的它是一个非常理性的建筑，甚至可以说是过度的理性［如鲍德里亚（Baudrillard 2002）努力描写的，一个自身的拟像，从而是两座塔］。但是，它们的破坏却揭示出一个深刻的社会真实，即结构能生产出一种新的集体；实际上，亡灵、建筑以及物理属性（令人毛骨悚然地）交缠在一起。如果说马朗干雕刻物通过其显露和随后的破坏产生了一种社会真实，那么双子塔则揭示出，我们对身体和物如何交叠，有着极为非现代性的深刻理解。比起之前世界秩序被理解或感知的情形，双子塔创造出了一个关于该秩序更大的真实。不论是被爱的个体死去，还是一个建筑所代表的集体的死去，死亡变成了一种重新组织人和事物、重新思考社会秩序、重新思考连续性的方式——正是因为这个原因，我们生活在后"9·11"的世界里。

"9·11"事件中，建筑被摧毁这一事实对于人们认知关系的方式来说十分重要。正如盖尔所言，建筑代表着一个公众/集体性的哲思（cogito），其分布超出了个体或特定的身体，时间上则超出了过去、进入未来。建筑是身体的延伸，超出了个体以及任何离散的时间（例如一个人的一生）。因为这类建筑是个体和集体心智的延伸，当它们被破坏时，被屠戮的不止是个人或建筑本身。

正是集中营让人们了解了大屠杀的野蛮畸形。阿甘本（Agamben 1998）在他的讨论中认为，集中营作为例外过程的构成成分，会创造出一个注定被杀死的生命。这些例外揭示了社会生活的基本结构，以及可以生育以及不能生育的生命［"瘠薄的生命"（bare life）］。上述本质只能通过集中营可怕的封闭性，以及其通过破坏性力量创造的骇人真实关系，空间性和建筑性地表达出来、并为人所了解。但是，纪念碑被认为是记忆的敌人；艺术家克里斯蒂安·波尔坦斯基（Christian Boltanksi）坚持，大屠杀真正的纪念物需要每

图 30　世贸大楼。资料来源：Americanspirit，Dreamstime. com。

天被制作才能被记住，这意味着之前的纪念物需要被摧毁，从而在新的日常关系网络里重申记忆。

没有建筑物提供的包围感，就难以获知意义，难以思考并集体性地理解事件的意义。建筑是最有效和最直接的让缺席的东西在场的方法，不管缺席的是本源、理想化的未来，还是人物——人和建筑之间的亲密关系所坚持的，破坏行为所强调的，正是上述意涵。

5

然而，偶像破坏主义和破坏工作也产生了新的物质过度之类型，以及崭新的社会效应。阿德里安·弗提（Adrian Forty 1999：9—10）观察了德累斯顿圣母教堂（Frauenkirche）的拆除和重建这一偶像破坏和反破坏的过程，以及它对于历史和记忆的伴随性影响。教堂被 1945 年 2 月第二次世界大战的盟军轰炸破坏。后来在前民主德国的统治下，这处地点空置，变成一个见证同盟国破坏城市的纪念物。后来，很多前民主德国时期的纪念碑被破坏，圣母教堂却重建了。弗提注意到，重建这个教堂是为了忘掉战时悲剧性的记忆以及忘掉社会主义。弗提观察到，重建自相矛盾性地让 20 世纪经验里两种独特的记忆都沉默了。

类似地，弗提注意到，在莫斯科，基督救世主大教堂（the Cathedral of Christ the Savior）经历了一场可以用来对比的反对偶像破坏运动（图 31）。西多洛夫（Sidorov 2000）描述了这个被尼古拉斯一世皇帝委托兴建的建筑如何在 1931 年斯大林统治时期被毁灭。原本，教堂要给著名的苏维埃宫（the Palace of the Soviets）让出空间；然而由于

图 31　基督救世主大教堂，莫斯科。资料来源：Sailorr, Dreamstime.com。

接下来的战争，原本计划的宫殿从未建成。地面残留的空洞，在 20 世纪 60 年代成为苏维埃时期广受欢迎的游泳池。后来，因为苏联的解体，新的俄罗斯政府以及东正教重建了基督救世主大教堂，让其看起来像是一直在那里从没变过，有效制止了建立和巩固新政权所需要的偶像破坏主义。然而新建筑的物质性却出卖了反偶像破坏主义。根据评论，原来的材料没有重新生产，却以不合适的方式被使用。不过，重建主教座堂的整体形象维系了反偶像破坏主义的整体格局，只有少数观察者和批评家在近距离勘察时才会认为建造方式不妥当，透露出了重建建筑的非真实性以及俄罗斯政府和东正教堂的非正统性。在这里，呈现方式复杂多重的建筑材料的物质性，在更广义的历史和社会记忆以及合法性上，是非常有生产力的。

多尔夫-布坎普（Dolff-Bonekämper 2002）特别从一个保护者以及遗产工作者的角度，对柏林墙及其遗留进行了讨论，证实了柏林墙之物质性非凡的复杂程度（图 32）。这一广受争议的墙体在其分隔东西柏林时，其物质性上的问题或许是最少的。多尔夫-布坎普注意到，西柏林的居民可以毫无障碍的接近、碰触柏林墙，哪怕墙体象征了东西柏林之间，以及资本主义西方与社会主义东方之间的深刻政治裂缝。

图 32　柏林墙残段。从伯恩瑙大街柏林墙档案中心的塔楼望去，原先的东-西柏林边界和墙体的一段。资料来源：iStockphoto LP。

而民主德国那边的体验却截然不同：东柏林人只能隔着被耙平的隔离带远观柏林墙，里面所有植物都被毒药杀死，而如果有人胆敢跨越它去靠近墙体，将面临真正的死亡威胁。1989 年 11 月 9 日柏林墙开放后，它就被逐渐拆除了，这个过程广为人知。人们自发铲除，带走瓦砾；整段的墙体被移走，结果大大小小的断壁残垣在全世界流通，成为纪念品。与此同时，墙体本身以及其所制造的分隔只能在一些路段才能看到。各种呼声呼吁把剩下的墙保护下来，如今最后四段被保护的墙体成为多尔夫-布坎普讨论的焦点。对她来说，这四段墙体构成了 "lieux de discorde"（法语意为：混乱的场所），或转用皮埃尔·诺拉（Pierre Nora 2002：247）"记忆场所" 里的术语是 "争议的场所"。在这个语境中，碎片和废墟的特质在政治和社会意义上显然都扮演了一个复杂的角色。

多尔夫-布坎普注意到，在拆除墙体的后续过程中，柏林人希望从他们的生活中将墙移走。保护主义者只能留住四段墙体和两个瞭望塔，其复杂的物质属性以各种方式生产了"争议的场所"。第一段墙体位于伯恩瑙（Bernauer）大街，被不同的保护和社区利益方所分割，导致解决方案并没有完美达成，遗址甚至在围绕着其保护而发生的各种争议中有所破败。同样的，多尔夫-布坎普提到，墙体残段并不是见证东西分裂的存在，而是作为纪念物在各类利益主体间引起了极为复杂矛盾的反应。最后，残段看起来被周围的地景吸收了，或者如平常情形那样风化腐蚀，证明了柏林墙遗产的无法解决的属性。

第二段残墙，即"东边画廊"，一度布满了涂鸦艺术，可是要让涂鸦相互协调、成为为一件纪念物被证明是有困难的，原先的艺术家被要求恢复原先的涂鸦。20年后，艺术家做这些事的动力大打折扣，一些人也拒绝请求，只留下空白让其他艺术家去填充。

第三段墙体沿着一条运河，位于18世纪伤残军人墓的后面，多尔夫-布坎普提到，由于它紧邻运河这样一个现成的边界，这段柏林墙更像是风景画一般的背景，衬托了已修复的18世纪墓园，而不是一个分隔东西的墙。在18世纪景观中，它已经成为风景如画的视野里的一个元素。

多尔夫-布坎普描述到，第四段墙体在尼德尔克尔新纳（Niederkirchner）大街。这是保护的最好的一段，也一度是"墙体啄木鸟们"热衷于撬走断壁以拆分为更小碎片的地方。有一段时间，锤子都是可以出租的，以方便人们敲走小碎片做纪念品。自从那时起，一系列不成功的隔离带树立了起来，以防止人们"挖墙脚"。因为一段高高的篱笆保护了这段墙，犹如建筑工地那样，尽管早期遭遇了"挖墙脚"，这段墙却保护得很好。

这些零碎的部分及其跟各种环境的互动，产生了各类"争议场所"，正如多尔夫-布坎普所言：

> 它能让人在交感的和分歧中接受，纪念碑的一个能力就是制造纠纷——或者让纠纷更明显——这种能力是正面的，也是一种社会价值。争议中的纪念碑变得很珍贵，恰恰是因为它并不体现人们就历史或现实事件在文化和社会上取得了共识。（Dolff-Bonekämper 2002：247；强调符号来自原文）

多尔夫-布坎普迫切地希望，保护主义者能够把墙体的遗存保留下来。她认为模糊和不可解决本身作为一种价值，墙体作为"争议的场所"非常重要，会一直处在历史记忆以及维系它们的物质形式的持续作用中——在一个鼓励争议的开放式过程中，这段墙体的在场某种程度上替代了任何压倒性的共识。移位置换的效果类似于莫申思卡（Moshenska 2008）笔下二战的炮弹碎片，以及特林瀚（Tringham 2000）所谓的陶瓷碎片。柏林墙的工作可以和巴勒斯坦艺术家卡里尔·热巴（Khalil Rabah）在以色列西岸建造的墙上作品做一对比。他2004年的作品《第三个年度墙区售卖》[The 3rd Annual Wall Zone Sale，参见德·瑟萨瑞（De Cesari 2012：89）的讨论]，拍卖和墙有关的物料，以此来引起人们对墙的存在感的关注——他的举措，即通过拍卖分发物料，或许会被看作一个引发奇迹般同情心的尝试——通过干预的碎片化效应，帮助实现墙的最后拆除。

这种偶像破坏主义和反偶像破坏主义产生了一种包含众多冲突理念的物质呈现方式或结构。人们或许会考虑物质本身的倔强执拗性。然而，矛盾的投入所造成的物质效果，又被认为是具有偶然性的。易弗塔舍尔（Yiftachel 2009）在他对灰空间的讨论中，提及了以色列的贝都因聚落被反复摧毁的过程，描述了毁灭-复建-毁灭-复建循环往复这种连锁反应造成的结果，即产生了一种意料之外的能动性。易弗塔舍尔注意到，被摧毁的聚落的物质性产生了一种崭新的政治参与，这种参与在政治干涉之外制造了一种难以预料的、持续性的政治能动性，以及政治观点的激进化；而之前这些情况并不存在。他引用了一位贝都因活动家针对以色列当局引发的反复拆除行为而做出的评论：

> 我们知道这是一个长期的拉锯过程，紧随新的清真寺而来的是拆除和法律惩处……但是我们也知道，试图赶走我们的行为绝不会彻底成功，就像焚烧打击加沙一样。这是因为我们是这片土地的儿子，我们知道如何在这里生存，我们也会生存下去。国家把我们称为罪犯，只在自己的小区域生活……这没有关系，因为我们一直是这个地方的人，不为了国家，只为了我们自己共同的未来。（引用自 Yiftachel 2009：253—254）

这种重复性的拆除和建设产生了一种可以预料的政治投入和卷入。易弗塔舍尔注意到，持续的拆建过程以及不知不觉的生产性效果，促成了"非正式的和自治的领导力的兴起，'自下而上'地对抗着民族统治者强硬的否定和强迫驱逐政策……它已经逐渐将长远的未来制度化地操作进了灰空间，为土著自治的初级形式打下了基础"（Yiftachel 2009：253）。

类似地，世贸大楼以其巨大的、仍在等待释放的复杂性，在俄克拉荷马州的塔尔萨（Talsa）形成了意料之外的效果。那里有栋建筑由同一个建筑师设计，拥有相同的外表（参见 Sulzberger 2011）。尽管和纽约距离遥远，视觉上的相似性以及相同的建筑师，突然让它意外地变得极易受攻击。原先塔楼坍塌的形象或者飞机撞入大楼的画面在媒体和互联网上不断流传，尤其在"9·11"纪念日变得最为密集。塔尔萨的工作人员生活在恐惧中，害怕相同的命运会降临到他们身上；因为随着这些画面的流传，视觉和物理上的联系性虽不显著却总被激活。于是在实际生活里，塔尔萨的安保加强了，而居住者们则心不甘情不愿。混乱的、碎片化的画面在数字空间流传，引发了另一栋遥远建筑的视觉传染。废墟和毁灭的数据画面将两座楼宇联系起来，并且让其中一个有了拟态的生命感。有关毁灭的信息碎片不断流转，出其不意的赋予了建筑以生命感，就好像贝都因房屋被赋予了政治话语以及新的集体性，它们在现时政治里越发棘手，同时作为特定物质性和过度破坏的结果，也越发以倔强的方式出现，并让新的集体性以新面目示人——正如皮茨（Pietz 2002）在讨论扫罗（Saul）之罪时所提到的那样，这种罪恶与贝宁被洗劫后的城市碎片后果相关联。所有这些例子都说明了破坏性行为的巨大生产力和出其不意的效果。它们内在的矛盾属性生产出新的物质强度和投入，这些强度和投入或许暗示着一种倔强的"物性"，然而也证实了物质形式所具备的内在冲突的性质，证明了它们能调节和影响各类关系——它们崭新的物性只是矛盾性投入的后果之一。

后 记

1

已经考察了家庭和建筑形式的片段、废墟，以及蜕变的形式和它们流动的结构位置，在更广泛的循环中所产生的复杂影响，我们该怎么去考虑它们在更广泛意义上的物质性，以及栖居得以形成的条件呢？近现代时期，现代化进程和政治社会生活的强大力量扑面而来，"真实"（authentic）的传统由此失却，一些关于乡土建筑形式的文献不禁为此扼腕叹息。新的形式和实践往往被边缘化、被隐藏在脚注中，或者仅仅在真实传统日益遭到威胁、不断削弱的语境之下，得到十分简单的讨论。然而，如果把房屋的功用看作一种"虚幻的物化"（Carsten and Hugh-Jones，1995），那么这些物化就可以采取新的形式并参与到新的流动之中、以促进人与社会之关系的塑造或消解。大量的移民研究已经展示了这个过程如何运作，并且特别强调了其流动的本质；而与之相关的，则是那些维系着社会生活，或普通或重要的生产性物质资料，以及维系并建构了这些流动的物质文化和建筑形式。

居住在形式特征和规范制度方面的固定性，往往主导着社会科学中对建筑形式的理解。从列维-斯特劳斯最初的观察开始，我们就一直被这些分析类型——这些"虚幻的物化"所束缚（Carsten and Hugh-Jones 1995）。当然其原因有很多，就像我们在此书中所呈现的众多案例中所看到的那样。建筑形式会调节和形成一系列的流动，这是其物质性导致的结果，但这一分析类型有时候却会阻碍人们注意到该流动过程。此处提出的这些讨论就试图记录，建筑形式的物质性如何调节和产生了这些维持社会生活的流动。以下部分便总结了这些见解。

2

关于建筑对流动的调节，尤其是当涉及新技术、新建筑形式的循环迭代方式以及它们的流动时，人们可以借此机会再次探讨建筑形式的表现以及抽象问题。在新技术不断涌现的情况下，人工制品本身的状态及其在这些流动中相对的稳定性就受到了质疑，本书的众多案例都呼应了这一点。在这里，有必要简要地讲一下建筑形式的打印问题——特别是3D打印，因为它可以把形式固定下来、以促进其更广泛的交流，这种能力开辟了一个全新的维度。所以，回到海德公园、水晶宫所在之地，以及森佩尔与加勒比小屋相遇的地方，并考虑伦敦拉比·哈格（Rabih Hage）画廊所提出的新式结构是十分有益的（图33）。一张被揉皱的纸经过数字扫描，通过计算机辅助设计（CAD）程序等比例放大，然后3D打印出来，形成了海德公园的一个展亭。画廊在2008年3月的新闻稿非常直接地提出：

"CAD 数据（图纸）可以通过电子邮件发送。这些数据可以用来在世界上任何地方的电子化制造机器上制造出这个展亭，因此不会产生任何的运输成本、税收或关税。"只需鼠标的点击，就可以胜过整个空间、地理、时间、民族国家、税收制度和劳动力市场的范畴，以及由之而成的各种联盟协议。怀特海所观察到的对于自然的"恶性二分法"（White-head，2000：185）一度建构了我们对于经验性世界的理解，也把构成社会生活的生产性二元论限定在了一个框架中；然而，当非物质性的数字编码和物质性的实体人工制品，在时间和空间中已经难以深度区分时，其中的"客体"和"主体"就几乎合并到了一起，上述二分法也就在以快速生产为基础的创造性制造过程中被完全抹去了。

图 33　哈格展亭。展亭由建筑师拉比·哈格在 2008 年设计。使用了 EOS 公司（Electro Optical Systems Ltd.）以层压制造技术（3D 打印）制造的组件建造。来源：Rabih Hage Ltd.。

　　从这个角度来说，在纸上绘制图表、流通，然后把它们聚集起来，新的方式重置了上述流程，从而质疑了业已建立的距离观、时间观和物质形式观念（参见 Latour 1990）。就这方面而言，物质性的人工制品反而是最不稳定的。这一点在迄今为止所讨论的诸多有关建筑形式的传统民族志实例中已经得到了证明。非物质性的数字编码才是最稳定、最广泛流通的，它把各种各样"物质性的"、不稳定的形式更迭固定了下来。但是正如布兰切特（Blanchette 2011）所展示的那样，代码虽然具有相对"非物质"的特性，却依然是硬件、电路、电气基础设施等等更广泛的体系下的产物；它的非物质性是更广泛领域中的物质"内在互动"的结果（Barad 2007）。我会认为，各类生产性二元论造成了超凡的非物质特性。二元论使得两个经验领域独立存在，继而使超凡的非物质行为从事本体论意义上的以及社会属性的工作。因此，要赋予这些超凡的特性以崇高的价值，其代价就是牺牲掉能够产生类似超凡影响的物质环境，以及其中所维系的政治经济体。

　　对于形式本身的关注掩盖了网络性的建构效应，这一点在关于移民家庭的民族志文献中体现得十分明确。不妨参考一下本书前面所提到的例子：霍德（Hodder 1994）指出，建筑形式的社会化建构方式从经验性的变为了指向性的（referencial）；普路信（Prussin

1995）指出，在不断迁移的游牧民群体中，跨越时间-空间而不断迭代的累积性网络产生了居住行为；而盖尔（Gell 1998）则评论道，在社会性上真正重要的是毛利人会议厅不断更迭的整体过程，而不是在某个毛利世系的"空间时间（spacetime）"（Munn）之外为其留下的民族志快照。

霍斯特（Horst 2008）在她的民族志中描绘了返回牙买加的移民和他们在牙买加的家，达拉柯格鲁（Dalakoglou 2010）则在论述希腊和阿尔巴尼亚之间的阿尔巴尼亚移民时，展现了住宅如何在复杂的交通运输、道路以及旅行网络中——或者用芒恩的话说，在更广阔的"时间空间"之中建构起来；居住行为就在其中发生，而促成了栖居的家就是在这些多重的、扩展的迭代中形成的。伴随着这些网络，那些或普通或重要的物质资料、人类的再生产能力、为了适应道路上飞驰的车辆而选择的建造材料（就如达拉柯格鲁的民族志中那样 Dalakoglou2010），以及汇款等等，共同促进了建筑形式更为广阔的"时间空间"（Munn）。很多时候，建筑形式所具有的通用性的、可交换的本质，以及其平淡无奇的物质特性，都切切实实地促成了新的居住类型。在更广泛的社交网络和横向网络中可以探索特定的物质呈现方式，这些方式从以住宅为先的视角来看常常是平淡无奇的，而恩普森描述中的非建筑内容却恰恰相反。普路信（Prussin 1995）描述了在城市的建筑材料代替传统材料时，与某些游牧形式相关的广泛的女性关系是如何被紧缩与消解的；在一个更加定居性的、货币化的经济形式中，女性的网络和生产性能力被男性取代了。沃特森（Water-son 1997［1990］）还描述了混凝土对木材的取代如何扰乱了印度尼西亚权力和威望的传统层级。

类似地，布克利（Buchli 即将出版）讨论了恰塔霍裕克的（Çatalhöyük）新石器时代遗址，那里的考古学家们展现出了一种从精致的建筑形式到精致的陶瓷的转变；这种转变表明，不同的物质呈现方式可以促成不同的社会生活形式，从集中性的（建筑的）到扩展性的（陶瓷的）。建筑的模式［屋形（tectomorphs）］可以即刻定位祖先并容纳他们，这样他们就变得可以转移了；正如加勒比棚屋的例子那样，建筑就像 19 世纪欧美地区盛行的人类心理一致性的观念一样，可以作为密码去创造更加广泛的社会性形式。因而，不同的呈现方式便促进了不同的社会性形式，有的是集中性的，有的是扩展性的。就像巴塔马力巴（Batammaliba）房屋中的"栖居之所"容纳了看不见的祖先，用光来表现他们的存在，达拉柯格鲁也描绘了阿尔巴尼亚的空屋，它们被希腊打来的电话所激活，表明了这些家庭及其后人将来的所在之地，也表现出了阿尔巴尼亚移民扩张的再生家庭（Dalakoglou 2010：761）。类似地，克里特（Krit 2013，亦参加即将出版）也描述了西班牙的英国移民们空空荡荡的房间，等待着永远不会来访的子孙。空房间促成了生活方式的迁移所带来的代际区分与生活规划；同时，理想中的代际连续性也通过这些空房间得到了维系。因此，各种各样的物质呈现方式，通过扩展性和集中性的方式推进了与建筑形式相关的呈现技术，而如果仅仅严格地关注建筑形式本身，这些技术可能会被掩盖住。同样地，我们也看到了家可以仅仅被当作一个用完即扔、可以互换的外壳，跨越不同的空间和时间尺度去促进家庭的连续性；在这些可以互换的建筑外壳中，可移动的人工制品有力地促进了家庭和世系的生成能力。这个过程在麦金农（McKinnon 1995，2000）笔下，通过传家宝和首饰得到了描述，在帕罗特的著作中（Parrott 2011）通过圣诞装饰品得到了描述，而在舍瓦利耶的著作中（Chevalier 1999）则通过法国语境中对家具的管控体现出来。通用化的形式并非虚妄，它们确实有助于房屋作为可以互换的外壳，以其他的物质呈现方式维持运作，诸如通过可分拆、可移动的人工制品等。正是由于通用化的建筑形式所具有的可交换性，才促成并维系了更多可移动人工制品进行特别的流动，它们"像房屋一样"运作，形成了亲属关系与道德人格。正如此处的例子所表明的那样，它作为一种混合的语境，维持了建构社会生活的必要流动，这一点我们必须要看到。

但是，由于家庭和与之相关的生活方式工程被认为是在新自由主义治理形式下形成联合的条件，因此，当考虑到当代的生态可持续性问题，考虑到可持续发展概念所包含的，在实践中模棱两可、矛盾冲突的灰色地带时（Dickson 2011），与家庭相关的职业、任期和迁移这些事情在更广泛的可持续发展上就会造成问题——就其事务的规模而言，家庭看起来并不是一个便捷的治理工具（Dickson 2011）。

3

正如列维-斯特劳斯所说，就博罗罗（Bororo）村落的结构而言，维持社会生活的物质形式的虚幻统一，被认为与男性、女性二元对立的事实不符，也违背了氏族关于这种统一的观点（Lévi-Strauss 1963：141—142）。类似地，对立的统一也在布迪厄的讨论中得到了阐述。围绕男性和女性的惯习以及那种差异化"误识"的生产性本质，他讨论了建筑空间的逆转。布迪厄（Bourdieu 1977）描述道，在住宅中形成空间结构的对立关系，和另一种对立关系实际上是一回事：

> 即住宅世界整体上与世界的其余部分保持了一种对立关系，包括男性世界、聚集地点、田野以及市场。住宅有两个空间，每一空间（连同置于其中的每一物件和在其中进行的每一种活动）可以说都经历两轮定性：第一次被定为女性（黑夜的、阴暗的，等等），因为它隶属于住宅这个世界；第二次被定为男性或女性的，就看它属于宇宙的这个部分或那个部分（Bourdieu 1977：90—91）。❶

因此，布迪厄主张关于视角和立场的安排应当具有灵活性，它可以让不同的安排相互穿插，形成基于男性或女性视角的不同的物质呈现方式或结构位置：

> 但是，在对住宅的内部组织，或者，它与外部世界的关系做出规定的两个对立系统中，有一个会占据首要位置，这要看人们是从男性观点还是从女性观点来看待住宅。对于男性来说，住宅主要不是一个进入其内的场所，而是一个从中走出的所在，而向内运动则是女性的本分（Bourdieu，1977：91）。❷

呈现方式发生了一个几乎是神奇的转换：

> 物体世界是把同一个框架施加到各类领域中而得到的产物，通过它的魔力，任何东西都在用隐喻谈论所有其他的东西，每一项实践都被投以客观的意义，于是实践活动——尤其是仪式——就必须时常地衡量计算，以唤起或是消解这种意义［……］。习性是物体世界的隐喻，而物体世界本身只是一个由互相应和的隐喻组成的无限循环（Bourdieu，

---

❶　此段译文参照皮埃尔·布迪厄.蒋梓骅译.实践感.南京：译林出版社，2003：434.
❷　此段译文参照皮埃尔·布迪厄.蒋梓骅译.实践感.南京：译林出版社，2003：439.

1977：91）。❶

　　在这个被规则紧紧约束住的惯习体系之中，在一条原则和另一条原则之间，在女性化和男性化的呈现方式之间，存在着结构化的灵活性或者说来回变动；通过这些结构化的逆转，重置了彼此之间的呈现方式，消除了相互之间的紧张关系，也在两者之间的结构化变动中维系了它们结构位置上的原则。由此就可以去考量两种结构位置可以如何相互不冲突地彼此共存（尽管在布迪厄的框架里，它们是以一种流动的、结构化的互补性维持的），考量一种可以如何转换成另一种，并且必须"时常地衡量计算，以唤起或是消解这种意义"（Bourdieu 1977：91）。

　　这些结构位置的转换也涉及了沿着回指性关系链而发生的物质性转换，并且伴随着对于其蕴含的共同对象更广泛的信奉——这个概念在引言中就讨论过（Rouse 2002）。在回顾关于芒恩和巴塔耶的这一讨论时，布迪厄描述了农业周期、季节性和性别对立的"联合体"如何把某一事物的特质转化为了其对立事物的特质；这些对立的事物与对立的物质特性涉及很多通常情况下看似稳固的实体，而前述的这些则形成了其生产性解释的一个部分："婚礼和耕种仪式的客观意图都是为了认可对立事物的结合，前者是群体的再生产，后者是谷物的复苏，两者在这一点上有诸多相似之处"（Bourdieu，1977：137—138）。因此，"犁和播种标志着由外而内之运动的高潮，从空到满，从干到湿，从阳光到地上的阴影，从播下种子的男性到孕育后代的女性"（Bourdieu 1977：137）。这些物质特性和它们转换后的物质结构位置，在布迪厄对卡拜尔谚语的引用中得到了总结，例如"死由生而来"——蛋，"生由死而来"——鸡（Bourdieu，1977：138）。这些谚语揭示了回指性联系之间的滑移，确保了对物质和社会生活之条件的全面投入。

　　4

　　在另一个层面上，关于住宅的更迭实践——即在早先讨论的例子中可以看到的对前人使用方式的不断重复，在特林翰（Tringham 2000）、博里克（Borić 2002）和霍德（Hodder 1994）的著作里都有提及，它们或处于集中式的居住模式中，或处于回指性滑移所促成的扩展性模式之中——从中体现出，对于社会生活的维系和转换来说，不断重写的羊皮纸、或者说以直接或回指形式不断更迭的痕迹是多么重要。波维内利（Povinelli 2011）对于"持久性"的讨论——正如耶夫塔克（Yiftachel 2009）的"灰色空间"中不断重复的解构、建构、解构、建构的过程那样——通过持续性的重复形成了新的主体性形式。这些重复例证了波维内利所定义的"持久性"的批判性机能，而这种持久性，尽管其背后存在着推动力量，实际上产生了一种过度性，借此产生了全新的、意想不到的社会生活形式。正如耶夫塔克（Yiftachel 2009）所展示的那样，每个被毁坏的贝都因人聚落都历经时间，犹如不断重写的"羊皮纸"一样需要被重建，而不断累积的破坏和重建则产生了新的认同和新的政治。它发生在这些多重的建造和重建之后，是意料之外的产物——在叠加了不同痕迹的羊皮纸上，一种架构和身份认同在不断层叠重复的解构之中形成了。类似地，碎片、纪念品、废墟——以其混杂而开放的方式——伴随着意想不到的转折再次介入。因此，参

---

❶ 此段译文参照皮埃尔·布迪厄. 蒋梓骅译. 实践感. 南京：译林出版社，2003：118—119.

考之前在这里讨论的例子，例如扫罗（Saul）之罪的"遗存"（Pietz 2002）、莫申斯加（Moshenska 2008）著作中的弹片。我们可以看到在特林翰（Tringham 2000）著作里，村民们遇到的那些陶器碎片，需要在当代和近代历史中开展史前时期的回溯。因此，产生这些重复的原因恰恰是：固有的破坏性实践、它们所形成的过度性边缘（excessive margins），以及使得居住生活暂时得以实现的那些条件。

解构及其重新表达的客体，也正是矛盾性投入的客体——这个客体在此类投入及其生成性力量之中产生、并得到维系（客体化的力量，为其矛盾的构成要素建立了一系列新的关系，于是客体化的房屋也随之产生了一种新的、试验性的身份认同——尽管这只是虚幻的，是从矛盾的二元性中形成的统一体）。正因为其矛盾的本质，它总是受制于一种"非此"/"非彼"的表达（Povinelli 2011：191），就像耶夫塔克（Yiftachel 2009）所展示的，以及波维内丽极力灌输的那样：它先于意识形态或身份，也内在性地生成后者。如此一来，就总是可以产生、促成并保障不同的居住形式，无论它们有多么试验性、多么不确定。这些矛盾冲突的投入产生了一种过度性，有时候，它被认为描述了一种桀骜不驯的物质性（例如 Keane 2005；Pinney 2005；Sansi-Roca 2005）；但这种物质性仅仅是此类投入以及过度性所产生的结果，投入与过度本身才是其生产性社会性的核心，超越了所有既有的物质呈现方式。这就追溯到了本书的核心观念，即建成形式是一种崇拜物，就像列维-斯特劳斯认为的那样，是一种"虚幻的物化"（Carsten and Hugh-Jones 1995），它试图去容纳和扩展那些促成了社会生活的矛盾冲突的信奉，于是其自身就可以从这种生产性的误识中得以形成。

在一开始，我们讨论了 19 世纪人类心理一致性的研究，试图去解释人类的普遍性并且扩展它。这一扩展性的研究在较为晚近的批判性理论中得到了延续，批判性理论致力于扩展生命的金字塔型结构，而这一结构形成于当下这种好胜的、不断扩张的普遍主义之中，就像巴特勒（Butler 2000）、欧内斯托·拉克劳（Ernesto Laclau）与尚塔尔·墨菲（Chantal Mouffe）（见 Smith 1998）在他们激进的民主政治中所提出的那样。随着借以理解人类生活的条件不断扩展，人类学一直以来都扮演着一个核心的、建构性的角色。因为建筑形式对于这种生活的建构过程一直以来都是必不可少的，人类学也一直十分关注塑造生活的建筑过程所发生的物质进程。希望本书中诸多的案例（连同此书本身）能以各自的语体和变体去证明，建筑借由这些崭新的物质形式与风格方式造就了人。

注　释

引言

若是没有一些人的帮助，这本书是无法写出来的。其中大部分是伦敦大学学院的本科生和研究生，多年来与这些学生的对话和工作深深地启发了我。我特别感谢扬·盖斯布什（Jan Geisbusch）以他的耐心和友善帮忙整合了这份手稿，特别感谢布鲁姆斯伯里出版社的伊恩·巴克（Ian Buck）的特别关照和耐心，以及匿名评审人员思虑周全的建议；无论如何，这本书所有的不足之处都完全在于我自己。

1. 我要感谢安娜·霍尔（Anna Hoare），她证明了"视差"在描述汇聚于"房屋"上的矛盾冲突的既得利益时十分有用；

2. 参见休谟（Hume）的《人性论》（*Treatise on Human Nature*）（1739—1740），休谟和休谟主义者假定，物体的先验性本质与特定且持续的内在互动相关，而不是被互动所制造出来的现象，当然，也要注意到罗素（Rouse）对他们的批评。

3. 我非常感谢安娜·霍尔提醒我注意洛克的研究以及物质的形而上学本质。

参考书目

Ackroyd, G. (2011), "The 'Financialization' of the Home and the Institution of the Mortgage: Characterising Contemporary Home Ownership in the Irish Republic," paper delivered at the Centre for Studies of Home Post-Graduate Workshop, Geffrye Museum, London, November.

Adamson, G., and Pavitt, J. (eds) (2011), *Postmodernism: Style and Subversion, 1970-1990*, London: V&A Publishing.

Agamben, G. (1998), *Homo Sacer: Sovereign Power and Bare Life*, Palo Alto, CA: Stanford University Press.

Alder, K. (1998), "Making Things the Same: Representation, Tolerance and the End of the Ancien Regime in France," *Social Studies of Science*, 28/4: 499-545.

Althusser, L. (2006a), *Lenin and Philosophy and Other Essays*, Delhi: Aakar Books.

Althusser, L. (2006b), *Philosophy of the Encounter, Later Writings, 1978-87*, London: Verso.

Amerlinck, M.-J. (ed.) (2001), *Architectural Anthropology*, Westport, CT: Bergin and Garvey. ap Stifi n, P. (2012), "The Resonating Voice: Materialities of Testimony at Ground Zero," panel presentation on The Materiality of Sound, Cultural Studies Association General Meeting, University of California, San Diego, March.

Atkinson, P. (2006), "Do It Yourself: Democracy and Design," *Journal of Design History*, 19/1: 1-10.

Augé, M. (1995), *Non-Places: Introduction to an Anthropology of Supermodernity*, London: Verso Books.

Bachelard, G. (1964), *The Poetics of Space*, New York: Orion Press.

Bailey, D. (2005), "Beyond the Meaning of Neolithic Houses," in D. Bailey, A. Whittle, and V. Cummings (eds), (*Un*) *settling the Neolithic*, Oxford: Oxbow Press.

Barad, K. (2003), "Posthumanist Performativity: How Matter Comes to Matter," *Signs: Journal of Women in Culture and Society*, 28/3: 801-31.

Barad, K. (2007), *Meeting the Universe Halfway: Quantum Physics and the Entanglement of Matter and Meaning*, Durham, NC: Duke University Press.

Bataille, G. (1987 [1928]), *Story of the Eye*, San Francisco: City Lights.

Bataille, G. (1993), *The Accursed Share: An Essay on General Economy*, New York: Zone Books.

Bataille, G. et al. (1995), *Encyclopaedia Acephalica*, London: Atlas Press.

Baudrillard, J. (1996), *The System of Objects*, London: Verso.

Baudrillard, J. (2002), *The Spirit of Terrorism*, London: Verso.

Bauman, Z. (2000), *Liquid Modernity*, Cambridge: Polity.

Belk, R. (2001) *Collecting in a Consumer Society*, London: Routledge.

Bender, B. (1998), *Stonehenge: Making Space*, Oxford: Berg.

Benjamin, W. (1999), *The Arcades Project*, Cambridge, MA: Belknap Press.

Bennett, T. (1995), *The Birth of the Museum: History, Theory, Politics*, London: Routledge.

Binford, L. R. (1972), *An Archaeological Perspective*, New York: Seminar Press.

Binford, L. R. (1978a), "Dimensional Analysis of Behavior and Site Structure: Learning from an Eskimo Hunting Stand," *American Antiquity*, 43/3: 330-61.

Binford, L. R. (1978b), *Nunamiut Ethnoarchaeology*, New York: Academic Press.

Birdwell-Pheasant, D., and Lawrence-Zúñiga, D. (1999), *House Life: Space, Place and Family in Europe*, Oxford: Berg.

Blanchette, J.-F. (2011), "A Material History of Bits," *Journal of the American Society for Information Science and*

Technology，62/6：1042-57.

Blier，S. (1987)，*The Anatomy of Architecture：Ontology and Metaphor in Batammaliba Architectural Expression*，Cambridge：Cambridge University Press.

Blier，S. (2006)，"Vernacular Architecture," in C. Tilley et al. (eds)，*Handbook of Material Culture*，London：Sage.

Bloch，M. (1995a)，"Questions Not to Ask of Malagasy Carvings," in I. Hodder et al. (eds)，*Interpreting Archaeology：Finding Meaning in the Past*，London：Routledge.

Bloch，M. (1995b)，"The Resurrection of the House amongst the Zafimaniry of Madagascar," in J. Carsten and S. Hugh-Jones (eds)，*About the House：Lévi-Strauss and Beyond*，Cambridge：Cambridge University Press.

Borić，D. (2002)，" 'Deep Time' Metaphor：Mnemonic and Apotropaic Practices at Lepenski Vir," *Journal of Social Archaeology*，3/1：46-74.

Botticello，J. (2007)，"Lagos in London：Finding the Space of Home," *Home Cultures*，4/1：7-24.

Boulnois，O. (2008)，*Au-delà de l'image：une archéologie du visuel au Moyen-Âge V e-Xvi e siècle*，Paris：Editions de Seuil.

Bourdieu，P. (1977)，*Outline of a Theory of Practice*，Cambridge：Cambridge University Press.

Bourdieu，P. (1984)，*Distinction：A Social Critique of the Judgement of Taste*，London：Routledge and Kegan Paul.

Bourdieu，P. (1990)，*The Logic of Practice*，Cambridge：Cambridge University Press.

Brandom，R. (1994)，*Making It Explicit：Reasoning，Representing，and Discursive Commitment*，Cambridge，MA：Harvard University Press.

Brodsky Lacour，C. (1996)，*Lines of Thought：Discourse，Architectonics and the Origins of Modern Philosophy*，Durham，NC：Duke University Press.

Brown，B. (2001)，"Thing Theory," *Critical Inquiry*，28/1：1-22.

Buchli，V. (1999)，*An Archaeology of Socialism*，Oxford：Berg.

Buchli，V. (2000)，"Constructing Utopian Sexualities：The Archaeology and Architecture of the Early Soviet State," in R. Schmidt and B. Voss (eds)，*Archaeologies of Sexuality*，London：Routledge.

Buchli，V. (2002)，"Introduction," in V. Buchli (ed.)，*The Material Culture Reader*，Oxford：Berg.

Buchli，V. (2004)，"General Introduction," in V. Buchli (ed.)，*Material Culture：Critical Concepts in the Social Science*，vol. 1，London：Routledge.

Buchli，V. (2006)，"Astana：Materiality and the City," in C. Alexander，V. Buchli，and C. Humphrey (eds)，*Urban Life in Post-Soviet Asia*，London：UCL Press.

Buchli，V. (2010a)，"La Culture Matérielle，La Numérisation et Le Problème de L'Artefact," *Techniques et Culture*，52：212-31.

Buchli，V. (2010b)，"Presencing the Im-Material," in M. Bille，F. Hastrup，and T. Flohr Sørensen (eds)，*An Anthropology of Absence：Materializations of Transcendence and Loss*，New York：Springer.

Buchli，V. (2013)，"Surface Engagements at Astana," in G. Adamson and V. Kelley (eds)，*Surface Tensions：Surface，Finish and the Meaning of Objects*，Manchester：Manchester University Press.

Buchli，V. (forthcoming)，"Material Register，Surface and Form at Çatalhöyük," in I. Hodder (ed.)，*Religion and the Transformation of Neolithic Society：Vital Matters*，Cambridge：Cambridge University Press.

Buchli，V.，and Lucas，G. (2000)，"Children，Gender and the Material Culture of Domestic Abandonment in the Late 20th Century," in J. Sofaer-Derevenski (ed.)，*Children and Material Culture*，London：Routledge.

Buchli，V.，and Lucas，G. (2001)，"The Archaeology of Alienation," in *Archaeologies of the Contemporary Past*，London：Routledge.

Buck-Morss，S. (2002)，*Dream Worlds and Catastrophe：The Passing of Mass Utopia in East and West*，Cambridge，MA：MIT Press.

Butler，J. (1993)，*Bodies That Matter：On the Discursive Limits of "Sex*，" New York：Routledge.

Butler，J. (2000)，"Restaging the Universal：Hegemony and the Limits of Formalism," in J. Butler et al. (eds)，*Contingency，Hegemony，Universality*，London：Verso.

Carpo, M. (2001), *Architecture in the Age of Printing: Orality, Writing, Typography in the History of Architectural Theory*, Cambridge, MA: MIT Press.

Carsten, J. (1995), "Houses in Langkawi: Stable Structures or Mobile Homes," in J. Carsten and S. Hugh-Jones (eds), *About the House: Lévi-Strauss and Beyond*, Cambridge: Cambridge University Press.

Carsten, J. (2004), *After Kinship*, Cambridge: Cambridge University Press.

Carsten, J., and Hugh-Jones, S. (eds) (1995), *About the House: Lévi-Strauss and Beyond*, Cambridge: Cambridge University Press.

Chapman, W. R. (1985), "Arranging Ethnology: A. H. L. F. Pitt Rivers and the Typological Tradition," in G. W. Stocking Jr. (ed.), *Objects and Others: Essay on Museums and Material Culture*, Madison: University of Wisconsin Press.

Chevalier, S. (1999), "The French Two-Home Project," in I. Cieraad (ed.), *At Home: An Anthropology of Domestic Space*, Syracuse, NY: Syracuse University Press.

Childe, V. G. (1950), "Cave Men's Buildings," *Antiquity*, 24: 4-11.

Cieraad, I. (ed.) (1999), *At Home: An Anthropology of Domestic Space*, Syracuse, NY: Syracuse University Press.

Classen, C., and Howes, D. (2006), "The Museum as Sensescape: Western Sensibilities and Indigenous Artifacts," in E. Edwards et al. (eds), *Sensible Objects: Colonialism, Museums and Material Culture*, Oxford: Berg.

Colloredo-Mansfeld, R. (2003), "Introduction: Matter Unbound," *Journal of Material Culture*, 8: 245-54.

Coole, D., and Frost, S. (eds) (2010), *New Materialisms: Ontology, Agency, and Politics*, Durham, NC: Duke University Press.

Coward, M. (2009), *Urbicide: The Politics of Urban Destruction*, London: Routledge.

Crary, J. (1992), *Techniques of the Observer: On Vision and Modernity in the Nineteenth Century*, Cambridge, MA: MIT Press.

Csikszentmihalyi, M., and Rochberg-Halton, E. (1981), *The Meaning of Things: Domestic Symbols and the Self*, Cambridge: Cambridge University Press.

Dalakoglou, D. (2010), "Migrating-Remitting-'Building'-Dwelling: House–Making as 'Proxy' Presence in Postsocialist Albania," *Journal of the Royal Anthropological Institute*, 16/4: 761-77.

Daniels, I. (2010), *The Japanese House: Material Culture and the Modern Home*, Oxford: Berg.

Daryll Forde, C. (1934), *Habitat, Economy and Society*, London: Methuen.

De Certeau, M. (1998), *The Practice of Everyday Life*, Minneapolis: University of Minnesota Press.

De Cesari, C. (2012), "Anticipatory Representation: Building the Palestinian Nation (-State) through Artistic Performance," *Studies in Ethnicity and Nationalism*, 12/1: 82-100.

Deetz, J. (1977), *In Small Things Forgotten: The Archaeology of Early American Life*, New York: Doubleday.

DeSilvey, C. (2006), "Observed Decay: Telling Stories with Mutable Things," *Journal of Material Culture*, 11/3: 318-38.

Dickson J., with Buchli, V. (2011), "Green Houses: Problem-Solving, Ontology and the House," in S. Lehman and R. Crocker (eds), *Designing for Zero Waste: Consumption Technologies and the Built Environment*, London: Routledge.

Dillon, S. (2007), *The Palimpsest*, London: Continuum.

Dolff-Bonekämper, G. (2002), "The Berlin Wall: An Archaeological Site in Progress," in J. Schofield, W. Gray Johnson, and C. M. Beck (eds), *Materiél Culture: The Archaeology of Twentieth Century Conflict*, London: Routledge.

Douglas, M. (1970a), *Natural Symbols: Explorations in Cosmology*, London: Barrie & Rockliff.

Douglas, M. (1970b), *Purity and Danger: An Analysis of the Concepts of Pollution and Taboo*, Harmondsworth: Penguin.

Douglas, M. (1991), "The Idea of a Home: A Kind of Space," *Social Research*, 58/1: 287-307.

Douny, L. (2007), "The Materiality of Domestic Waste: The Recycled Cosmology of the Dogon of Mali," *Journal of Material Culture*, 12/3: 309-31.

Drakulic, S. (1993), "Falling Down: A Mostar Bridge Elegy," *The New Republic*, December 13: 14-15.

Duyvendak, J. W. (2011), *The Politics of Home: Belonging and Nostalgia in Europe and the United States*, Basingstoke: Palgrave Macmillan.

Edensor, T. (2005a), *Industrial Ruins: Space, Aesthetics and Materiality*, Oxford: Berg.

Edensor, T. (2005b), "Waste Matter—The Debris of Industrial Ruins and the Disordering of the Material World," *Journal of Material Culture*, 10/3: 311-32.

Edwards, E., Gosden, C., and Phillips, R. (eds) (2006), *Sensible Objects: Colonialism, Museums and Material Culture*, Oxford: Berg.

Empson, R. (2007), "Separating and Containing People and Things in Mongolia," in A. Henare, M. Holbraad, and S. Wastell (eds), *Thinking Through Things: Theorising Artefacts Ethnographically*, London: Routledge.

Engels, F. (1940), *The Origin of the Family, Private Property and the State*, London: Camelot Press.

Engels, F. (1972), *The Origin of the Family, Private Property and the State*, New York: Pathfinder Press.

Epstein, D. (1973), *Brasília, Plan and Reality: A Study of Planned and Spontaneous Urban Development*, Berkeley: University of California Press.

Fernandez, J. (1977), *Fang Architectonics*, Working Papers in the Traditional Arts, no. 1, Ann Arbor: Institute for the Study of Human Issues, University of Michigan.

Fernandez, J. (1982), *Bwiti: An Ethnography of the Religious Imagination in Africa*, Princeton, NJ: Princeton University Press.

Fernandez, J. (1990), "The Body in Bwiti," *Journal of Religion in Africa*, XX/1: 92-111.

Forty, A. (1999), "Introduction," in A. Forty and S. Küchler (eds), *The Art of Forgetting*, Oxford: Berg.

Foucault, M. (1977), *Discipline and Punish: The Birth of the Prison*, London: Penguin.

Foucault, M. (1986), "Space, Knowledge, and Power," in P. Rabinow (ed.), *The Foucault Reader: An Introduction to Foucault's Thought*, London: Harmondsworth Press.

Foucault, M. (1991), "Governmentality," in G. Burchell, C. Gordon, and P. Miller (eds), *The Foucault Effect: Studies in Governmental Rationality*, Hemel Hempstead: Harvester Wheatsheaf.

Fox, L. (2005), "The Idea of Home in Law," *Home Cultures*, 2/1: 25-50.

Froud, D. (2004), "Thinking Beyond the Homely: *Countryside Properties* and the Shape of Time," *Home Cultures*, 3/1: 211-34.

Gamboni, D. (2007), *The Destruction of Art: Iconoclasm and Vandalism since the French Revolution*, London: Reaktion Books.

Garvey, P. (2001), "Organized Disorder," in D. Miller (ed.), *Home Possessions: Material Culture behind Closed Doors*, Oxford: Berg.

Gell, A. (1998), *Art and Agency: An Anthropological Theory*, Oxford: Clarendon Press.

Gibson, T. (1995), "Having Your House and Eating It: Houses and Siblings in Ara, South Sulawesi," in J. Carsten and S. Hugh-Jones (eds), *About the House: Lévi-Strauss and Beyond*, Cambridge: Cambridge University Press.

Giddens, A. (1991), *Modernity and Self-identity: Self and Society in the Late Modern Age*, Cambridge: Polity.

Gillespie, S. D. (2000), "Maya 'Nested Houses': The Ritual Construction of Place," in R. A. Joyce and S. D. Gillespie (eds), *Beyond Kinship: Social and Material Reproduction in House Societies*, Philadelphia: University of Pennsylvania Press.

Glassie, H. H. (1975), *Folk Housing in Middle Virginia: A Structural Analysis of Historical Artifacts*, Knoxville: University of Tennessee Press.

González-Ruibal, A. (2005), "The Need for a Decaying Past: An Archaeology of Oblivion in Contemporary Galicia (NW Spain)," *Home Cultures*, 2/2: 129-52.

Goodfellow, A. (2008), "Pharmaceutical Intimacy: Sex, Death and Methamphetamine," *Home Cultures*, 5/3:

271-300.

Groys，B. (2008)，*Art Power*，Cambridge，MA：MIT Press.

Gudeman，S.，and Rivera，A. (1990)，*Conversations in Colombia：The Domestic Economy in Life and Text*，Cambridge：Cambridge University Press.

Gullestad，M. (1984)，*Kitchen-Table Society：A Case Study of Family and Friendships of Young Working-Class Mothers in Urban Norway*，Oslo：Universitetsforlaget.

Hacking，I. (1983)，*Representing and Intervening：Introductory Topics in the Philosophy of Natural Science*，Cambridge：Cambridge University Press.

Harris，N. (1999)，*Building Lives：Constructing Rites and Passages*，New Haven，CT：Yale University Press.

Harrison，R.，and Schofield，J. (2010)，*After Modernity：Archaeology Approaches to the Contemporary Past*，Oxford：Oxford University Press.

Hayden，D. (1981)，*The Grand Domestic Revolution：A History of Feminist Designs for American Homes，Neighborhoods，and Cities*，Cambridge，MA：MIT Press.

Heidegger，M. (1993)，"Building，Dwelling，Th inking，" in D. F. Krell (ed.)，*Basic Writings from "Being and Time" (1927) to "The Task of Thinking" (1964)*，London：Routledge.

Helliwell，C. (1992)，*Good Walls Make Bad Neighbours：The Dayak Longhouse as a Community of Voices*，Oceania，62/3：179-93.

Helliwell，C. (1996)，"Space and Sociality in a Dayak Longhouse," in M. Jackson (ed.)，*Things as They Are：New Directions in Phenomenological Anthropology*，Bloomington：Indiana University Press.

Hermann，W. (1984)，*Gottfried Semper：In Search of Architecture*，Cambridge，MA：MIT Press.

Heynen，H. (1999)，*Architecture and Modernity：A Critique*，Cambridge，MA：MIT Press.

Hicks，D.，and Horning，J. (2006) "Historical Archaeology and Buildings," in D. Hicks and M. Beudry (eds)，*The Cambridge Companion to Historical Archaeology*，Cambridge：Cambridge University Press.

Hillier，B.，and Hanson，J. (1984)，*The Social Logic of Space*，Cambridge：Cambridge University Press.

Hillier，B.，and Vaughan，L. (2007)，"The City as One Thing," *Progress in Planning*，67/3：205-30.

Hodder，I. (1986)，*Reading the Past：Current Approaches to Interpretation in Archaeology*，Cambridge：Cambridge University Press.

Hodder，I. (1994)，"Architecture and Meaning：The Example of Neolithic Houses and Tombs," in M. Parker Pearson and C. Richards (eds)，*Architecture and Order：Approaches to Social Space*，London：Routledge.

Holston，J. (1989)，*The Modernist City：An Anthropological Critique of Brasília*，Chicago：University of Chicago Press.

Horst，H. A. (2008)，"Landscaping Englishness：Respectability and Returnees in Mandeville，Jamaica," *Caribbean Review of Gender Studies*，2/2：1-18.

Howes，D. (ed.) (2004)，*Empire of the Senses：The Sensual Culture Reader*，Oxford：Berg.

Humphrey，C. (1974)，"Inside a Mongolian Tent," *New Society*，31：13-14.

Hvattum，M. (2004)，*Gottfried Semper and the Problem of Historicism*，Cambridge：Cambridge University Press.

Ingold，T. (2007)，"Materials against Materiality," *Archaeological Dialogues*，14/1：1-16.

Jacobs，J. M. (2004)，"Too Many Houses for a Home：Narrating the House in the Chinese Diaspora," in S. Cairns (ed.)，*Drifting：Architecture and Migrancy*，London：Routledge.

Jameson，F. (1984)，"Postmodernism，or the Cultural Logic of Late Capitalism," *New Left Review*，146：53-92.

Janowski，M. (1995)，"The Hearth-group，the Conjugal Couple and the Symbolism of the Rice Meal Among the Kelabit of Sarawak," in J. Carsten and S. Hugh-Jones (eds)，*About the House：Lévi-Strauss and Beyond*，Cambridge：Cambridge University Press.

Johnson，M. (1993)，*Housing Culture：Traditional Architecture in an English Landscape*，London：UCL Press.

Johnson，M. (1996)，*An Archaeology of Capitalism*，Oxford：Blackwell.

Joyce，R. A.，and Gillespie，S. D. (eds) (2000)，*Beyond Kinship：Social and Material Reproduction in House Socie-

ties，Philadelphia：University of Pennsylvania Press.

Keane，W. (2005)，"Signs Are Not the Garb of Meaning：On the Social Analysis of Material Things," in D. Miller (ed.)，*Materiality*，Durham NC：Duke University Press.

Kent，S. (1984)，*Analyzing Activity Areas：An Ethnoarchaeological Study of the Use of Space*，Albuquerque：University of New Mexico Press.

Kent，S. (1990a)，"A Cross-Cultural Study of Segmentation，Architecture and the Use of Space," in S. Kent (ed.)，*Domestic Architecture and the Use of Space：An Interdisciplinary Cross-Cultural Study*，Cambridge：Cambridge University Press.

Kent，S. (ed.) (1990b)，*Domestic Architecture and the Use of Space：An Interdisciplinary Cross-Cultural Study*，Cambridge：Cambridge University Press.

King，A. (1995)，*The Bungalow：The Production of a Global Culture*，Oxford：Oxford University Press.

Kristeva，J. (1997)，*The Portable Kristeva*，ed. K. Oliver，New York：Columbia University Press.

Krit，A. (2013)，"Lifestyle Migration Architecture and Kinship in the Case of the British in Spain," unpublished PhD thesis，Department of Anthropology，University College London.

Krit，A. (forthcoming)，"New Interpretation of Old Notions：Architecture，Property and Belonging in Lifestyle Migration," *Mobilities*.

Küchler，S. (1999)，"The Place of Memory," in A. Forty and S. Küchler (eds)，*The Art of Forgetting*，Oxford：Berg.

Küchler，S. (2002)，*Malanggan：Art，Memory，and Sacrifice*，Oxford：Berg.

Laqueur，T. (1990)，*Making Sex：Body and Gender from the Greeks to Freud*，Cambridge，MA：Harvard University Press.

Laszczkowski，M. (2011)，"Building the Future：Construction，Temporality and Politics in Astana," *Focaal：Journal of Global and Historical Anthropology*，60：77-92.

Latour，B. (1990)，"Visualisation and Cognition：Drawing Things Together," in S. Woolgar and M. Lynch (eds)，*Representation in Scientific Practice*，Cambridge，MA：MIT Press.

Latour，B. (1999)，*Pandora's Hope：Essays on the Reality of Science Studies*，Cambridge，MA：Harvard University Press.

Latour，B. (2005)，"From Realpolitik to Dingpolitik," in B. Latour and P. Weibel (eds)，*Making Things Public：Atmospheres of Democracy*，Cambridge，MA：MIT Press.

Latour，B.，and Weibel，P. (eds) (2002)，*Iconoclash：Beyond the Image Wars in Science，Religion and Art*，Karlsruhe：ZKM；Cambridge，MA：MIT Press.

Laugier，M. A. (1977)，*An Essay on Architecture*，Los Angeles：Hennessy and Ingalls.

Lefebvre，H. (1991)，*The Production of Space*，Oxford：Blackwell.

Leone，M. (1984)，"Interpreting Ideology in Historical Archaeology：Using Rules of Perspective in the William Paca Garden in Annapolis，Maryland," in C. Tilley and D. Miller (eds)，*Ideology，Power and Prehistory*，Cambridge：Cambridge University Press.

Lévi-Strauss，C. (1963)，*Structural Anthropology*，New York：Basic Books.

Lévi-Strauss，C. (1982)，*The Way of the Masks*，trans. S. Modelski，Seattle：University of Washington Press.

Lévi-Strauss，C. (1987)，*Anthropology and Myth：Lectures，1951-1982*，Hoboken，NJ：Wiley-Blackwell.

Locke，J. (1975)，*Essay Concerning Human Understanding*，ed. P. H. Nidditch，Oxford：Clarendon Press.

Low，Setha (1997)，"Urban Fear：Building the Fortress City," *City and Society*，9/1：53-71.

Low，Setha (2003)，*Behind the Gates：Life，Security and the Pursuit of Happiness in Fortress America*，London：Routledge.

Low，S.，and Lawrence-Zúñiga，D. (eds) (2003)，*The Anthropology of Space and Place：Locating Culture*，Oxford：Blackwell.

Lucas，G. (2000)，*Critical Approaches to Fieldwork：Contemporary and Historical Archaeological Practice*，London: Routledge.

Luzia, K. (2011), "Growing Home: Reordering the Domestic Geographies of 'Th rowntogetherness'," *Home Cultures*, 8/3: 297-316.

Malinowski, B. (1961 [1922]), *Argonauts of the Western Pacific*, New York: E. P. Dutton.

Mallgrave, H. F. (1989), "Introduction," in G. Semper, *The Four Elements of Architecture*, Cambridge: Cambridge University Press.

Marchand, T. (2009), *The Masons of Djenné*, Bloomington: Indiana University Press.

Marcoux, J.-S. (2001a), "The 'Casser Maison' Ritual: Constructing the Self by Emptying the Home," *Journal of Material Culture*, 6/2: 213-35.

Marcoux, J.-S. (2001b), "The Refurbishment of Memory," in D. Miller (ed.), *Home Possessions : Material Culture behind Closed Doors*, Oxford: Berg.

Marcoux, J.-S. (2004), "Body Exchanges: Material Culture, Gender and Stereotypes in the Making," *Home Cultures*, 1/1: 51-59.

Marcuse, H. (1958), *Soviet Marxism*, New York: Columbia University Press.

Markus, T. (1993), *Buildings and Power: Freedom and Control in the Origin of Modern Building Types*, London: Routledge.

Marx, K. (1954), *The Eighteenth Brumaire of Louis Bonaparte* (3rd rev. ed.), Moscow: Progress; London: Lawrence & Wishart.

Marx, K. (1977), *Karl Marx : Selected Writings*, ed. D. McLellan, Oxford: Oxford University Press.

Marx, K. (1986), *An Introduction to Karl Marx*, ed. J. Elster, Cambridge: Cambridge University Press.

Maurer, B. (2006), "In the Matter of Marxism," in C. Tilley et al. (eds), *Handbook of Material Culture*, London: Sage.

Mauss, M. (1990), *The Gift*, London: Routledge.

Mauss, M. (2006), *Techniques, Technology and Civilisation*, ed. N. Schlanger, New York: Durkheim Press; Oxford: Berghahn Books.

McCracken, G. (1989), "Homeyness—A Cultural Account of One Constellation of Consumer Goods and Meanings," in E. Hirschman (ed.), *Interpretive Consumer Research*, Provo, UT: Association of Consumer Research.

McGuire, R. H. (1991), "Building Power in the Cultural Landscape of Broome County, New York, 1880-1940," in R. H. McGuire and R. Paynter (eds), *The Archaeology of Inequality*, Oxford: Blackwell.

McKinnon, S. (1995), "Houses and Hierarchy: A View from a South Moluccan Society," in J. Carsten and S. Hugh-Jones (eds), *About the House : Lévi-Strauss and Beyond*, Cambridge: Cambridge University Press.

McKinnon, S. (2000), "The Tanimbarese *Tavu*: The Ideology of Growth and the Material Confi gurations of Houses and Hierarchy in an Indonesian Society," in R. A. Joyce and S. D. Gillespie (eds), *Beyond Kinship : Social and Material Reproduction in House Societies*, Philadelphia: University of Pennsylvania Press.

Melhuish, C. (ed.) (1996), "Architecture and Anthropology," *Architectural Design* [special issue], 66/11-12.

Merry, S. E. (2001), "Spatial Governmentality and the New Urban Social Order: Controlling Gender Violence through Law," *American Anthropologist*, 103/1: 16-29.

Meskell, L. (ed.) (1998), *Archaeology under Fire : Nationalism, Politics and Heritage in the Eastern Mediterranean and Middle East*, London: Routledge.

Meskell, L. (2012), *The Nature of Heritage : The New South Africa*, Oxford: Wiley-Blackwell.

Miller, D. (1987), *Material Culture and Mass Consumption*, Oxford: Blackwell.

Miller, D. (1988), "Appropriating the State on the Council Estate," *Man* (New Series), 23/2: 353-72.

Miller, D. (ed.) (1993), *Unwrapping Christmas*, Oxford: Clarendon Press.

Miller, D. (ed.) (2005), *Materiality*, Durham, NC: Duke University Press.

Miller, D. et al. (eds) (1995), *Domination and Resistance*, London: Routledge.

Miller, M. (1956), *Archaeology in the USSR*, London: Atlantic Press.

Moore, H. (1986), *Space, Text and Gender: An Anthropological Study of the Marakwet of Kenya*, Cambridge: Cambridge University Press.

Morgan, L. H. (1965 [1881]), *Houses and House-Life of the American Aborigines*, Chicago: University of Chicago Press.

Morgan, L. H. (1978 [1877]), *Ancient Society*, New York: Labor Press.

Moshenska, G. (2008), "A Hard Rain: Children's Shrapnel Collections in the Second World War," *Journal of Material Culture*, 13/1: 107-25.

Munn, N. D. (1977), "The Spatiotemporal Transformations of Gawa Canoes," *Journal de la Société des océanistes*, 54-55/33: 39-53.

Munn, N. D. (1986), *The Fame of Gawa: A Symbolic Study of Value Transformation in a Massim Papua New Guinea Society*, Durham, NC: Duke University Press.

Murphy, M. (2006), *Sick Building Syndrome and the Problem of Uncertainty: Environmental Politics, Techno-science, and Women Workers*, Durham, NC: Duke University Press.

Myers, F. (2004), "Social Agency and the Cultural Value (s) of the Art Object," *Journal of Material Culture*, 9/2: 203-11.

Neich, R. (1996), *Painted Histories: Early Maori Figurative Painting*, Auckland: Auckland University Press.

Norberg-Schulz, C. (1971), *Existence, Space and Architecture*, London: Studio Vista.

Oliver, P. (ed.) (1997), *Encyclopedia of Vernacular Architecture of the World*, Cambridge: Cambridge University Press.

Ong, W. (1967), *The Presence of the Word*, New Haven, CT: Yale University Press.

Parker Pearson, M., and Richards, C. (eds) (1994), *Architecture and Order: Approaches to Social Space*, London: Routledge.

Parrott, F. R. (2005), " 'It's Not Forever': The Material Culture of Hope," *Journal of Material Culture*, 10/3: 245-62.

Parrott, F. R. (2010), "The Transformation of Photography, Memory, and the Domestic Interior," unpublished PhD thesis, University College London.

Parrott, F. R. (2011), "Death, Memory and Collecting: Creating the Conditions for Ancestralisation in South London Households," in S. Byrne et al. (eds), *Unpacking the Collection: Networks of Material and Social Agency in the Museum*, New York: Springer.

Pearce, S. (ed.) (1995), *Art in Museums*, London: Athlone Press.

Pelkmans, M. (2003), "The Social Life of Empty Buildings: Imagining the Transition in Post-Soviet Ajaria," *Focaal: Journal of Global and Historical Anthropology*, 41: 121-36.

Pietz, W. (1985), "The Problem of the Fetish, I," *Res*, 9: 5-17.

Pietz, W. (2002), "The Sin of Saul," in B. Latour and P. Weibel (eds), *Iconoclash: Beyond the Image Wars in Science, Religion and Art*, Karlsruhe: ZKM; Cambridge, MA: MIT Press.

Pinney, C. (2005), "Things Happen: Or, From Which Moment Does Th at Object Come?" in D. Miller (ed.), *Materiality*, Durham, NC: Duke University Press.

Pitt Rivers, A. L. F. (1867), "Primitive Warfare," *Journal of the Royal United Services Institute*, 612-43.

Pitt Rivers, A. L. F. (1875a), "On the Evolution of Culture," *Proceedings of the Royal Institute of Great Britain*, 7: 496-520.

Pitt Rivers, A. L. F. (1875b), "On the Principles of Classification," *Journal of the Anthropological Institute of Great Britain and Ireland*, 4: 293-308.

Povinelli, E. A. (2001), " 'Radical Worlds': The Anthropology of Incommensurability and Inconceivability," *Annual Review of Anthropology*, 30: 319-34.

Povinelli, E. A. (2011), *Economies of Abandonment: Social Belonging and Endurance in Late Liberalism*, Durham, NC: Duke University Press.

Powell, H. (2009), "Time, Television and the Decline of DIY," *Home Cultures*, 6/1: 89-108.

Preziosi, D. (1983), *Minoan Architectural Design: Formation and Signification*, Berlin: De Gruyter Mouton.

Prussin, L. (1995), *African Nomadic Architecture: Space, Place, and Gender*, Washington, DC: Smithsonian Institution Press.

Purbrick, L. (ed.) (2001), *The Great Exhibition of 1851: New Interdisciplinary Essays*, Manchester: Manchester University Press.

Rabinow, P. (1989), *French Modern: Norms and Forms of the Social Environment*, Chicago: University of Chicago Press.

Rapoport, A. (1969), *House, Form and Culture*, Englewood Cliffs, NJ: Prentice Hall.

Rivière, P. (1995), "Houses, Places and People: Community and Continuity in Guiana," in J. Carsten and S. Hugh-Jones (eds), *About the House: Lévi-Strauss and Beyond*, Cambridge: Cambridge University Press.

Rorty, R. (1970), "Incorrigibility as the Mark of the Mental," *Journal of Philosophy*, 67: 399-424.

Rorty, R. (1991), *Essays on Heidegger and Others*, Cambridge: Cambridge University Press.

Rosaldo, R. (1986), "From the Door of His Tent: The Fieldworker and the Inquisitor," in J. Clifford and G. Marcus (eds), *Writing Culture: The Poetics and Politics of Ethnography*, Berkeley: University of California Press.

Rose, N. (1990), *Governing the Soul: The Shaping of the Private Self*, London: Routledge.

Rose, N. (1996), *Inventing Ourselves: Psychology, Power and Personhood*, Cambridge: Cambridge University Press.

Rouse, J. (2002), *How Scientific Practices Matter: Reclaiming Philosophical Naturalism*, Chicago: University of Chicago Press.

Rowlands, M. (2005), "A Materialist Approach to Materiality," in D. Miller (ed.), *Materiality*, Durham, NC: Duke University Press.

Rykwert, J. (1981), *On Adam's House in Paradise: The Idea of the Primitive Hut in Architectural History*, Cambridge, MA: MIT Press.

Sadler, S. (1998), *The Situationist City*, Cambridge, MA: MIT Press.

Samson, R. (ed.) (1990), *The Social Archaeology of Houses*, Edinburgh: Edinburgh University Press.

Sansi-Roca, R. (2005), "The Hidden Life of Stones: Historicity, Materiality and the Value of Candomblé Objects in Bahia," *Journal of Material Culture*, 10/2: 139-56.

Sassen, S. (2006), *Territory, Authority, Rights: From Medieval to Global Assemblages*, Princeton, NJ: Princeton University Press.

Schnapp, A. (1996), *The Discovery of the Past: The Origins of Archaeology*, London: British Museum Press.

Semper, G. (1989), *The Four Elements of Architecture*, Cambridge: Cambridge University Press.

Service, E. R. (1962), *Primitive Social Organisation: An Evolutionary Perspective*, New York: Random House.

Shanks, M. (2004), "Three Rooms: Archaeology and Performance," *Journal of Social Archaeology*, 4/2: 147-80.

Sidorov, D. (2000), "National Monumentalization and the Politics of Scale: The Resurrections of the Cathedral of Christ the Savior in Moscow," *Annals of the Association of American Geographers*, 90/3: 548-72.

Simon, J. (1988), "The Ideological Effects of Actuarial Practices," *Law and Society Review*, 22/4: 771-800.

Skeates, R., McDavid, C., and Carman, J. (eds) (2012), *The Oxford Handbook of Public Archaeology*, Oxford: Oxford University Press.

Smith, A. M. (1998), *Laclau and Mouffe: The Radical Democratic Imaginary*, London: Routledge.

Spencer-Wood, S. (2002), "Utopian Visions and Architectural Designs of Turn-of-the-Century Social Settlements," in A. Bingaman et al. (eds), *Embodied Utopias: Gender, Social Change and the Modern Metropolis*, London: Routledge.

Ssorin-Chaikov, N. (2003), *A Social Life of the State in Subarctic Siberia*, Palo Alto, CA: Stanford University Press.

Stafford, B. M. (1999), *Visual Analogy: Consciousness as the Art of Connecting*, Cambridge, MA: MIT Press.

Stocking, G. W. (1995), *After Tylor: British Social Anthropology, 1888-1951*, Madison: University of Wisconsin Press; London: Athlone Press.

Stocking, G. W. (1999), "The Spaces of Cultural Representation, circa 1887 and 1969: Reflections on Museum Arrangement and Anthropological Theory in the Boasian and Evolutionary Traditions," in P. Galison and E. Th ompson (eds), *The Architecture of Science*, Cambridge, MA: MIT Press.

Strathern, M. (1990), "Artefacts of History: Events and the Interpretation of Images," in J. Siikala (ed.), *Culture and History in the Pacific*, *Transactions of the Finnish Anthropological Society*, no. 27, Helsinki: Finish Anthropological Society.

Strathern, M. (1996), "Cutting the Network," *JRAI*, 2/3: 517-35.

Strathern, M. (1999), *Property, Substance and Effect: Anthropological Essays on Persons and Things*, London: Athlone Press.

Sulzberger, A. G. (2011), "A Lone Oklahoma Tower's Clear but Uncomfortable Links to 9/11," *New York Times*, August 27.

Talle, A. (1993), "Transforming Women into 'Pure' Agnates: Aspects of Female Infi bulation in Somalia," in V. Broch-Due, I. Rudie, and T. Bleie (eds), *Carved Flesh/Cast Selves: Gendered Symbols and Social Practices*, Oxford: Berg.

Th omas, N. (1991), *Entangled Objects: Exchange, Material Culture and Colonialism in the Pacific*, Cambridge, MA: Harvard University Press.

Th omas, N. (1997), *In Oceania: Visions, Artifacts, Histories*, Durham, NC: Duke University Press.

Th rift, N. (2005), "Beyond Mediation: Th ree New Material Registers and Their Consequences," in D. Miller (ed.), *Materiality*, Durham, NC: Duke University Press.

Tilley, C. et al. (eds) (2006), *Handbook of Material Culture*, London: Sage.

Toren, C. (1999), *Mind, Materiality and History: Explorations in Fijian Ethnography*, London: Routledge.

Traugott, M. (2010), *The Insurgent Barricade*, Berkeley: University of California Press.

Trigger, B. (1989), *A History of Archaeological Thought*, Cambridge: Cambridge University Press.

Tringham, R. (2000), "The Continuous House: A View from the Deep Past," in R. A. Joyce and S. D. Gillespie (eds), *Beyond Kinship: Social and Material Reproduction in House Societies*, Philadelphia: University of Pennsylvania Press.

Van der Hoorn, M. (2005), *Indispensable Eyesores: An Anthropology of Undesired Buildings*, Utrecht: Universiteit Utrecht.

Van der Hoorn, M. (2009), *Indispensable Eyesores: An Anthropology of Undesired Buildings*, New York: Berghahn Books.

Vellinga, M. (2009), "Going beyond the Mud Hut and Noble Vernacular: The Need for Tradition in Sustainable Development," *Space Magazine*, 493.

Venturi, R. , Scott Brown, D. , and Izenour, S. (2000), *Learning from Las Vegas: The Forgotten Symbolism of Architectural Form*, Cambridge, MA: MIT Press.

Vitruvius (1914), *The Ten Books on Architecture*, Cambridge, MA: Harvard University Press.

Vidler, A. (2000), "Diagrams of Diagrams: Architectural Abstraction and Modern Representation," *Representations*, 72 (Autumn): 1-20.

Vilaça, A. (2005), "Chronically Unstable Bodies: Reflections on Amazonian Corporalities," *Journal of the Royal Anthropological Institute*, 11: 445-64.

Viveiros De Castro, E. (1998), "Cosmological Deixis and Amerindian Perspectivism," *Journal of the Royal Anthropological Institute*, 4: 469-88.

Vogt, A. (1998), *Le Corbusier, the Noble Savage: Toward an Archaeology of Modernism*, Cambridge, MA: MIT Press.

Vuyosevich, R. D. (1991), "Semper and Two American Glass Houses," *Reflections*, 8: 4-11.

Warnier, J. -P. (2007), *The Pot-King: The Body and Technologies of Power*, Leiden: Koninklijke Brill NV.

Waterson, R. (1997 [1990]), *The Living House: An Anthropology of Architecture in South-East Asia*, London: Thames and Hudson.

Werrett, S. (1999), "Potemkin and the Panopticon: Samuel Bentham and the Architecture of Absolutism in Eighteenth-Century Russia," *UCL Bentham Project Journal of Bentham Studies*, 2: 1-25.

Whitehead, A. N. (1978), *Process and Reality*, New York: Free Press.

Whitehead, A. N. (2000), *Concept of Nature*, Cambridge: Cambridge University Press.

Yalouri, E. (2001), *The Acropolis: Global Fame, Local Claim*, Oxford: Berg.

Yampolsky, M. (1995), "In the Shadow of Monuments: Notes on Iconoclasm and Time," in N. Condee (ed.), *Soviet Hieroglyphics: Visual Culture in Late Twentieth-Century Russia*, Bloomington: Indiana University Press.

Yaneva, A. (2012), *Mapping Controversies in Architecture*, Farnham: Ashgate.

Yiftachel, O. (2009), "Critical Theory and Gray Space: Mobilization of the Colonized," *City*, 13/2-3: 240-56.

Young, D. (2004), "The Material Value of Colour: The Estate Agent's Tale," *Home Cultures*, 1/1: 5-22.

Žižek, S. (2006), *The Parallax View*, Cambridge, MA: MIT Press.

译后记

2012 年，我向导师秦佑国老师提出，想要以乡土建筑为方向开始做自己的博士论文。秦老师答复，他非常鼓励学生选择自己感兴趣的方向，但如果只是测绘、画图，单纯对建筑的物质实体信息进行收集、描述的话，他就不赞成我开这个题，因为这个研究方法已经用了几十年了，作为一名打算拿"PhD"的博士研究生，应当要在研究方法和理论上有更多的探索。几天后，他从自己的藏书中挑选了一摞给我，建议我从人类学的研究中学习一些理论和方法，推着我走上了向人类学与民族志学习的乡土建筑研究的道路，完成了在纳西族地区的乡土建筑与营造传统调查。

时光荏苒，5 年已经过去，我也从当年的青涩学生变成了一名青年教师；虽然在学术上的积累仍然十分浅薄，但一直不敢停止阅读和学习、思考如何从文化人类学的视角为建筑的解读提供更多方式。所以当看到这一本《建筑人类学》时，我便萌生了将其翻译出版的想法，并且请到青年人类学者李耕与我共同完成了翻译工作。此书的翻译于我而言是一个十分充实的学习过程，不仅使我对过往一些模糊不清的概念加深了认识，而且进一步完善了脑海中与建筑人类学相关的知识体系架构。

此书是一本综述性的论著，依照人类学学科发展的脉络，把人类学家们对于建筑形式与空间所作的思考进行了详尽的梳理。作者维克托·布克利是伦敦大学学院研究物质文化的教授，他兼具艺术学、人类学和考古学的专业背景，这使得他在运用和评述不同学科的资料时得心应手，融会贯通。如他在序言中所说，建筑参与了对人与社会的塑造，因此关于建筑的写作实际上是在完善"何为普遍意义上的人类"这样一个问题的思考，因而建筑不仅仅是材料和技术的集合，还可能以极其多样的方式来呈现和解读。第 1 章勾勒了 18、19 世纪人类学对建筑的思考，尤其是"人类心理一致性"的概念及其后续的影响，包括化石的比喻及此后的语言学转向；第 2 章则考察了考古学尤其是民族考古学中对于建筑等物质文化的研究，展现了考古学与"快照式"研究截然不同的长时间视角是如何对物质变迁进行解读的；第 3 章以家屋社会为重点，在这一理论下，建筑不仅是社会关系的反映，而且在社会关系的再生产中发挥着主动的建构作用；第 4 章关注的则是监狱、酒店、社区等各种各样的机构在社会生活中所扮演的角色；第 5 章以消费实践和家居空间为主要对象，讨论了他们如何促成了各种流动、管控以及道德人格的产生；第 6 章考察的是身体与建筑之间的密切关系，两者深深地彼此重叠交缠，不论是涉身化还是离身化的形式都对社会生活产生着影响；第 7 章则讨论了建筑形式的破败和毁坏可能产生的生产性效果，使全书讨论的范围覆盖了到建筑的整个生命周期。

此书付梓之后，我将尝试着手研究生课程《建筑与文化人类学》的建设，希望和更多的同学们一同分享、交流建筑人类学的修习心得。建筑学和人类学都是综合性非常强的学科，二者之间理应有充分的结合与对话；然而，建筑人类学以及相关领域的著作和教材目前在国内还并不多见，这本书或许可以为对这一领域感兴趣的读者提供一些信息。本书的引言、后记以及第 1～4 章由潘曦翻译、李耕校对，第 5～7 章由李耕翻译、潘曦校对。本书涉及大量的文献讨论，加上原文鲜明的行文风格，给翻译带来了一定挑战。译者的时间、学识有限，书中难免会有错漏之处，还请各位读者多多包涵、指正。

潘　曦